MINISTÈRE DES TRAVAUX PUBLICS

ÉTUDES

DES

GÎTES MINÉRAUX

DE LA FRANCE

PUBLIÉES SOUS LES AUSPICES DE M. LE MINISTRE DES TRAVAUX PUBLICS
PAR LE SERVICE DES TOPOGRAPHIES SOUTERRAINES

BASSIN HOUILLER ET PERMIEN
DE BLANZY ET DU CREUSOT

FASCICULE 1

STRATIGRAPHIE

PAR

M. DELAFOND

INSPECTEUR GÉNÉRAL DES MINES

PARIS

IMPRIMERIE NATIONALE

MDCCCCII

BASSIN HOUILLER ET PERMIEN

DE BLANZY ET DU CREUSOT

MINISTÈRE DES TRAVAUX PUBLICS

ÉTUDES

DES

GÎTES MINÉRAUX

DE LA FRANCE

PUBLIÉES SOUS LES AUSPICES DE M. LE MINISTRE DES TRAVAUX PUBLICS
PAR LE SERVICE DES TOPOGRAPHIES SOUTERRAINES

BASSIN HOUILLER ET PERMIEN

DE BLANZY ET DU CREUSOT

FASCICULE I

STRATIGRAPHIE

PAR

M. DELAFOND

INSPECTEUR GÉNÉRAL DES MINES

PARIS

IMPRIMERIE NATIONALE

MDCCCCII

INTRODUCTION.

Le présent ouvrage a pour objet la description stratigraphique et paléontologique des terrains Houiller et Permien qui occupent la vaste dépression habituellement désignée sous le nom de *Bassin de Blanzy et du Creusot*, et qu'il serait aussi rationnel d'appeler *Bassin du Charolais*.

Nous avons rattaché à ce bassin celui connu sous le nom de *Bassin de Bert*, qui n'en est assurément que le prolongement au delà de la vallée de la Loire.

Nous ne donnerons sur les terrains autres que le Houiller et le Permien que des indications sommaires, en nous bornant à celles qui sont strictement nécessaires à l'intelligence de la carte. Les contours de ces terrains ont été empruntés aux feuilles géologiques de Chalon-sur-Saône, Autun et Charolles, publiées par MM. Michel Lévy et Delafond; toutefois le nombre des subdivisions introduites dans le Trias et le Jurassique a été, pour cause de simplification, très notablement réduit.

Pour les diverses mines de houille, nous avons, en outre, présenté surtout des considérations générales, laissant de côté les questions de détail, qui ne sauraient avoir pour les mineurs qu'un intérêt momentané et qui fatigueraient inutilement l'attention du lecteur.

L'ouvrage comprend deux parties distinctes : la partie stratigraphique, qui a été traitée par M. Delafond, et la partie paléobotanique, qui l'a été par M. Zeiller.

Nous devons d'ailleurs exprimer ici nos remerciements à l'égard des Directeurs des diverses mines qui nous ont fourni avec empressement les documents, plans et coupes dont nous avions besoin. Nous avons, en outre, mis largement à profit deux importantes collections de plantes fossiles réunies, l'une au Creusot, par M. Raymond, alors ingénieur en chef des mines de MM. Schneider et Cie, l'autre à Montceau, par les soins des ingénieurs de la Compagnie des mines de Blanzy.

BASSIN HOUILLER ET PERMIEN
DE BLANZY ET DU CREUSOT.

PRÉLIMINAIRES.

§ 1. CONSIDÉRATIONS GÉOGRAPHIQUES.

Le bassin de Blanzy et du Creusot forme une dépression assez peu large, mais très allongée, en forme de fuseau, limitée au Nord-Ouest par le massif des terrains anciens du Morvan, auxquels se relie géologiquement celui de Saint-Léon, dans l'Allier, au Sud-Est par le massif important du Charollais et celui du Donjon, qui constitue l'extrémité des montagnes du Forez.

La longueur du bassin entre Charrecey, extrémité Nord du bassin, et Varennes-sur-Tèche, extrémité Sud, est d'environ 100 kilomètres. La largeur est variable; elle est la plus faible aux deux bouts (4 kilom. 500 près de Saint-Bérain, 4 kilomètres près de Bert) et la plus forte dans la partie médiane (entre Ciry-le-Noble et Montceau-les-Mines), où elle atteint environ 14 kilomètres. La superficie totale est d'environ 1,000 kilomètres carrés.

Son altitude est variable; elle est le plus généralement comprise entre 300 et 320 mètres dans la région du canal du Centre; toutefois, dans la partie comprise entre Montcenis et Toulon-sur-Arroux, on observe une dorsale assez accentuée qui sépare la vallée de l'Oudrache de celle des Pontins continuée elle-même par celle de l'Arroux. Cette dorsale atteint parfois des altitudes dépassant la cote de 400 mètres (406 mètres au moulin de La Garde, au Nord de Saint-Bérain-sous-Sanvignes).

Le bassin présente une autre dorsale dont le relief est bien peu accentué et qui joue cependant un grand rôle dans l'hydrographie de la région, puisqu'elle forme la ligne de séparation entre le bassin de l'Océan et celui de la Méditerranée. Cette dorsale est constituée par un plateau très surbaissé qui s'étend de Montchanin au Breuil.

IMPRIMERIE NATIONALE.

Sur le versant de la Méditerranée, il n'existe qu'une rivière d'une certaine importance, la Dheune; sur celui de l'Océan, on compte trois rivières notables : la Bourbince, l'Oudrache et l'Arroux, qui ont des cours sensiblement parallèles et vont toutes trois se jeter dans la Loire.

La cuvette houillère et permienne a été mise à profit pour l'exécution du canal du Centre qui relie la Loire à la Saône. Ce canal, qui emprunte successivement les vallées de la Dheune et de la Bourbince, s'écarte toujours très peu de la limite Sud-Est du bassin. Tantôt il est creusé dans le terrain houiller (Sud de Saint-Bérain et entre Blanzy et le hameau des Badeaux); tantôt, au contraire, il est creusé dans le terrain ancien de la bordure (de Saint-Julien à Blanzy; environs de Ciry-le-Noble). Il semble qu'il y ait eu sur le pourtour de la cuvette des zones de moindre résistance aux érosions, dans lesquelles les cours d'eau ont frayé leur passage.

Les massifs montagneux qui bordent le bassin sont en général peu élevés; sur la bordure Nord-Ouest, on observe la montagne d'Uchon (684 mètres) entre le Creusot et Saint-Eugène, le mont Dardon (522 mètres) au Nord des mines de Pully, et la butte de Saint-Léon (442 mètres) au Nord des mines de Bert.

Sur la bordure Sud-Est, il y a lieu de mentionner seulement le plateau triasique du Mont-Saint-Vincent (610 mètres).

§ 2. ÉTUDES ANTÉRIEURES SUR LE BASSIN.

A. Nomenclature des publications antérieures.

Les principales études antérieurement publiées sur le bassin de Blanzy et du Creusot peuvent se résumer comme il suit :

En 1840, publication par le capitaine Rozet, dans les *Mémoires de la Société géologique de France* (t. IV, p. 110), d'un travail intitulé *Mémoire géologique sur la masse de montagnes qui sépare le cours de la Loire de ceux du Rhône et de la Saône.*

En 1841, les auteurs de la carte géologique de la France, Dufrénoy et Élie de Beaumont, consacrent dans leur description plusieurs paragraphes au bassin de Blanzy et du Creusot.

En 1842, publication par Amédée Burat d'une étude intitulée *Mémoire sur le gisement de la houille dans le bassin de Saône-et-Loire*. Le même auteur donnait encore, en 1866, dans un ouvrage intitulé *Les houillères de France*, une nouvelle description des gîtes houillers de Saône-et-Loire.

En 1844 parut la première importante étude d'ensemble; elle était due à Manès, ingénieur en chef des mines, et portait le titre de *Mémoire sur le bassin houiller de Saône-et-Loire*. Cette étude, excellente pour l'époque à laquelle elle parut, peut encore être utilement consultée aujourd'hui.

En 1852, Fournet, professeur de géologie à la Faculté des sciences de Lyon, procédait, pour le compte de MM. Schneider et Cie, à une étude détaillée de la partie comprise entre Montchanin, Montceau et le Creusot. Cette étude avait essentiellement pour objet de déterminer les meilleurs emplacements à choisir en vue de rechercher le terrain houiller au-dessous des terrains permiens qu'on appelait alors Grès bigarrés.

En 1857, publication par Coquand, professeur de géologie à la Faculté des sciences de Besançon, d'une étude intitulée *Mémoire sur l'existence du terrain permien et du représentant du grès vosgien dans le département de Saône-et-Loire et dans les montagnes de la Serre (Jura)* [*Bulletin de la Société géologique de France*, t. XIV, 2ᵉ série].

En 1860, Estaunié, ingénieur des mines à Chalon-sur-Saône, insérait dans les *Annales des Mines* (5ᵉ série, t. XVII) un mémoire intitulé *Des diverses variétés de houille du département de Saône-et-Loire*. Estaunié donnait dans ce travail diverses indications sur la consistance des gisements houillers.

En 1860, Manigler, ingénieur civil, insérait dans le *Bulletin de la Société de l'industrie minérale* un mémoire intitulé *Études géologiques et stratigraphiques du terrain houiller et des assises supérieures du bassin de Blanzy et du Creusot* (1ʳᵉ série, t. V).

En 1880, 1881 et 1892, étaient publiées par MM. Michel Lévy et Delafond les feuilles géologiques de Chalon-sur-Saône, Autun et Charolles, sur lesquelles porte le bassin de Blanzy et du Creusot.

Enfin, en 1890, le *Bulletin du Service de la carte géologique de la France et des topographies souterraines* contenait un mémoire de M. Delafond intitulé *Bassin de Blanzy et du Creusot* (t. II, mai 1890).

1.

B. Opinions émises par les auteurs des études antérieures.

Opinion de Rozet.

Le capitaine Rozet pensait que les terrains rouges, plus ou moins bariolés, que renferme le bassin appartenaient, les uns au vieux grès rouge dévonien, les autres au nouveau grès rouge. Le vieux grès rouge était le moins développé; il était représenté seulement par les formations rouges situées près du confluent de l'Arroux et de la Loire, notamment à la Motte-Saint-Jean, et par celles situées près du Donjon (Allier); le nouveau grès rouge comprenait tout le surplus de la formation, c'est-à-dire la presque totalité du bassin.

Opinions de Dufrénoy et Élie de Beaumont.

Dufrénoy et Élie de Beaumont classaient dans le Grès bigarré les grès rouges permiens, mais ils rapportaient au Houiller le Permien gris ou noir qui apparaît, dans la partie médiane du bassin, sous forme de dorsale.

Ils présentaient, au sujet de la continuité du Houiller au-dessous du Grès bigarré, les considérations suivantes (t. I, p. 606) :

« L'existence de deux pendages en sens inverse sur les deux grandes lisières du bassin de Saône-et-Loire a souvent fait considérer ce bassin comme offrant une disposition en fond de bateau, c'est-à-dire comme devant présenter une partie horizontale réunissant les deux pendages dont l'inclinaison décroît dans la profondeur. La connaissance actuelle du bassin ne permet pas de conserver cette hypothèse. Celle de la continuité est sans doute incontestable; en effet, les exploitations du Creusot et de Montchanin ne sont qu'à 8,000 mètres de distance, et toutes les fois qu'on a percé le grès des marnes irisées qui les sépare, on a retrouvé le terrain houiller; en outre, ce terrain, dans ces deux mines, possède plus de 100 mètres de puissance sans qu'aucune variation dans le grain et dans la nature des roches annonce encore l'approche des parties inférieures. Mais cette continuité est établie par des couches très bouleversées, accidentées par au moins deux systèmes de failles, les unes perpendiculaires à la direction des couches, les autres presque parallèles, de telle sorte que chaque partie explorée est un parallélipipède isolé dans son allure et dans sa continuité. »

Ils signalaient, en outre, que les inclinaisons des assises houillères étaient toujours plus accentuées que celles des grès bigarrés; mais cette conclusion paraît, d'après les indications données dans le texte, résulter d'observations faites à Charmoy, de telle sorte qu'elle s'appliquerait, en réalité, aux relations entre l'Autunien et le Grès rouge.

Pour Dufrénoy et Élie de Beaumont, les couches exploitées dans la plupart des mines étaient au nombre de trois, mais elles pouvaient être considérées comme ne constituant qu'une seule couche que des barres diviseraient en trois bancs.

Amédée Burat maintient, pour les Grès rouges, l'assimilation avec les Grès bigarrés admise par Dufrénoy et Élie de Beaumont; se basant sur des observations faites à Montchanin, il pense que l'amas Quétel constituait une lentille isolée correspondant à un bassin spécial, et, généralisant, il admet que le bassin houiller de Saône-et-Loire se compose, en réalité, de plusieurs petits bassins enchâssés dans le grand, auquel ils sont coordonnés. De petits bassins semblables peuvent, disait-il, exister dans le centre de la cuvette au-dessous des Grès bigarrés, mais rien ne le démontre.

En 1866, Burat émet des idées différentes; il ne conteste plus la continuité des couches de houille dans les formations houillères de Saône-et-Loire, et il considère comme bien fondée l'hypothèse du raccordement au-dessous des grès bigarrés des gîtes des deux bordures. « On peut, dit-il, foncer un puits sur les grès bigarrés qui couvrent la partie centrale du bassin, du Creusot à Montchanin, de Blanzy aux Petits-Châteaux, avec la certitude de trouver le terrain houiller sous-jacent. »

Manès admettait, avec Dufrénoy et Élie de Beaumont, qu'il n'y avait que trois bancs de houille séparés par des barres qui disparaissaient parfois, ce qui donnait alors naissance à des amas comme celui de Quétel à Montchanin.

Il divisait le terrain houiller en quatre étages définis comme il suit, en allant de bas en haut :

1° Conglomérats de la bordure;

2° Grès fins de la partie moyenne avec couches de houille intercalées;

3° Grès grossiers de la partie supérieure;

4° Schistes bitumineux avec coprolites, observés à Saint-Bérain-sur-Dheune.

Il classait également le Permien dans le Grès bigarré, mais il rattachait à ce dernier terrain la formation de grès et de schistes gris ou noirs de la partie centrale, que les auteurs de la carte géologique de France avaient classée dans le Houiller.

Il divisait les Grès bigarrés en deux étages :

Étage inférieur. — A. Poudingues, grès et argiles schisteux contenant des empreintes de fougères et de roseaux. Étage difficile à distinguer du Houiller avec lequel il offre des passages.

Étage supérieur. — B. Grès lâches, rouges, blancs, nuancés de diverses couleurs et marnes schisteuses rougeâtres.

Les dispositions relatives du Houiller et des deux étages de Grès bigarré seraient, d'après Manès, représentées par le croquis ci-dessous, donnant une coupe transversale de Montmaillot à la mine des Petits-Châteaux (Saint-Eugène).

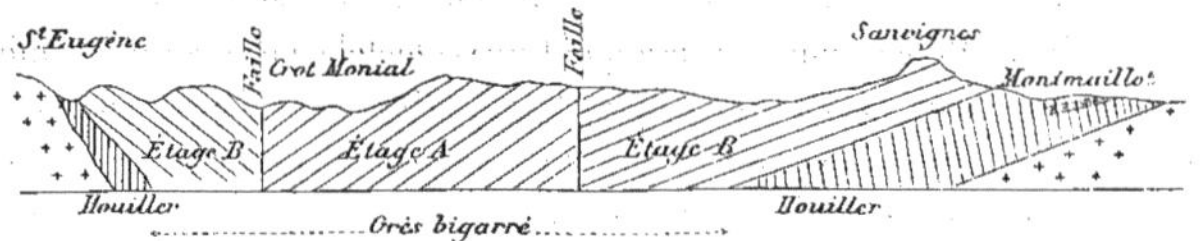

Fig. 1.

Fournet conserva la classification dans le Grès bigarré du terrain Permien, mais il modifia complètement l'ordre de superposition admis par Manès. Pour lui, l'étage A était supérieur à l'étage B. Il établit, en conséquence, dans le Grès bigarré les trois subdivisions suivantes :

En bas.. A. Étage rouge.
Au milieu..................................... B. Étage blanc.
En haut....................................... C. Étage noir.

C'était donc l'étage rouge qui reposait directement sur le Houiller dont il admettait, comme les précédents géologues, l'existence en profondeur dans toute l'étendue de la cuvette.

Il évaluait à 150 mètres environ l'épaisseur de l'étage rouge. En pratiquant, disait-il, des sondages à la Mouillelonge (entre Montchanin et le Creusot), à la Vesvre et près de Torcy, on devait, à la profondeur de 150 mètres, pénétrer dans le terrain houiller; en descendant dans ce dernier de 360 mètres environ, on devait recouper la couche de Lucy.

Les trois explorations recommandées par Fournet furent commencées presque simultanément.

Le sondage de la Mouillelonge fut arrêté à la profondeur de 920 mètres sans avoir rencontré le terrain houiller; le puits de la Vesvre fut arrêté à la profondeur de 337 mètres sans être sorti des terrains rouges; le sondage de Torcy a traversé 500 mètres de terrain rouge, et a pénétré de 92 mètres environ dans l'étage inférieur des grès rouges.

Ces résultats, si contraires aux théories de Fournet, amenèrent MM. Schneider et Cie à rechercher si l'ordre de superposition admis par lui pour les divers

étages du Grès bigarré était bien conforme à la réalité; quelques fouilles superficielles furent, en conséquence, exécutées à Charmoy; elles établirent qu'un
puits foncé dans l'étage B rencontrait, au-dessous, l'étage C. On revint alors
à l'ordre de superposition admis par Manès.

Coquand s'attacha, dans son mémoire, à établir que la formation désignée
dans le bassin sous le nom de Grès bigarré se reliait avec celle de la montagne
de la Serre (Jura), et qu'elle appartenait au terrain Permien. Il ajoutait que
l'ordre de succession des divers étages admis par Fournet était erroné, et
que les terrains rouges occupaient la partie supérieure de la formation.

Manigler classait comme suit, à partir du bas, les divers étages du Houiller
et du Permien :

HOUILLER.

Grès et schistes argileux avec nombreuses couches de houille.
Épaisseur : 5oo à 6oo mètres.

PERMIEN.

Étage inférieur. — Schistes bitumineux et charbonneux.
Couches puissantes de houille.
Grès à la partie supérieure.
Épaisseur : 6oo à 7oo mètres.

Étage moyen. — Grès sableux blanc avec galets de granite-gneiss.
Épaisseur : 15o à 2oo mètres.

Étage supérieur. — Conglomérats, grès et schistes rouges avec taches vertes et blanches.
Épaisseur : 6oo à 7oo mètres.

Manigler faisait commencer le Permien aux conglomérats rencontrés par
le puits du Magny au mur de la couche n° 1 ; il y rangeait naturellement les
schistes bitumineux autrefois exploités aux Georgets, près du Magny.

Le Permien réapparaissait dans la partie centrale du bassin, à Charmoy, et
à l'Ouest de Toulon-sur-Arroux ainsi qu'à Vandenesse.

Manigler admettait également que la houille devait exister en profondeur
dans toute l'étendue du bassin. Des recherches devraient, disait-il, être tentées
sur divers points, là où apparaît l'étage permien inférieur.

Dans les feuilles géologiques de Chalon-sur-Saône, Autun et Charolles,
nous avons figuré comme Permiens les deux étages admis par Manès, mais nous
avons fait buter le Permien par failles contre le Houiller, ces failles ayant eu
pour effet de rejeter le Houiller en profondeur.

Opinion
de Coquand.

Opinion
de Manigler.

Opinion antérieure
de l'auteur.

Dans notre mémoire, publié en 1890, nous émettions les conclusions suivantes :

Le Permien ne repose pas en concordance sur le Houiller des bordures, il y a une lacune dans la succession normale des terrains. Cette lacune peut tenir soit à des failles, soit à l'existence d'une falaise houillère plus ou moins démantelée contre laquelle serait venu se déposer le Permien. C'est cette dernière hypothèse qui nous paraissait devoir être adoptée; des plissements énergiques, survenus après le dépôt du Houiller, auraient déterminé la formation d'une fosse profonde dans laquelle se seraient déposées les assises permiennes.

Nous ajoutions qu'il n'était nullement établi que les formations houillères des deux bordures aient appartenu jadis à un bassin unique; l'existence du terrain Houiller en profondeur, au-dessous du Permien, ne nous paraissait donc pas être aussi certaine qu'on l'avait admis dans le passé. Le sondage de Charmoy vint démontrer, en 1896, que ces doutes étaient justifiés.

Résumé.   Ce rapide exposé montre combien ont varié, depuis une soixantaine d'années, les idées des géologues sur la constitution du bassin de Blanzy et du Creusot, et combien a été lent le progrès réalisé.

Il a fallu près de vingt ans pour faire abandonner l'assimilation du Permien au Grès bigarré, admise par Élie de Beaumont et Dufrénoy, et revenir à l'hypothèse du capitaine Rozet. Toutefois cette opinion était tellement ancrée dans les esprits, qu'aujourd'hui encore on trouve des plans de mine où figure la mention de Grès bigarrés.

L'ordre de succession des assises permiennes, d'abord nettement entrevu par Manès, a été ensuite contesté; des idées différentes, et malheureusement inexactes, ont été émises et ont entraîné l'exécution de longues et coûteuses explorations.

Enfin, ce n'est que tout récemment qu'il a fallu reconnaître que l'hypothèse, si universellement admise et si séduisante, de l'existence du Houiller au-dessous des vastes superficies occupées par le Permien n'était pas conforme à la réalité.

Il convient d'ailleurs d'ajouter que l'étude du bassin de Blanzy et du Creusot présente de grandes difficultés, et qu'actuellement encore plusieurs importants problèmes ne peuvent recevoir de solution certaine. Telle est la conclusion qui se dégagera assurément de la lecture du présent ouvrage.

CHAPITRE PREMIER.

TERRAINS AUTRES QUE LE PERMIEN ET LE HOUILLER.

§ 1. TERRAINS POSTÉRIEURS.

Les terrains postérieurs au Permien, figurés sur la carte, sont les suivants :

Éboulis sur les pentes.	Jurassique supérieur.
Alluvions modernes.	Jurassique moyen.
Quaternaire.	Bathonien supérieur.
Pliocène.	Calcaire à Entroques.
Calcaire à phryganes.	Lias.
Arkoses et argiles bariolés.	Trias.
Néocomien.	

Nous dirons quelques mots seulement de ces diverses formations pour lesquelles les feuilles géologiques de Chalon-sur-Saône, d'Autun et de Charolles fournissent des renseignements plus détaillés.

Ces éboulis recouvrent surtout les pentes des mamelons couronnés soit par les arkoses triasiques (rive Est du Canal du Centre, entre Blanzy et Ciry-le-Noble), soit par les cailloutis pliocènes (rive droite de l'Arroux aux environs de Vandenesse).

Dépôts actuellement formés par les cours d'eau lors de leur débordement. Peu développés dans la région, sauf dans la vallée de la Loire.

Sables et cailloutis constituant des terrasses accusées principalement dans les vallées de la Bourbince, de l'Arroux et de la Loire. Dans cette dernière, les terrasses s'élèvent de 3o ou 4o mètres au-dessus du thalweg.

Le Pliocène n'est représenté dans la région que par son étage supérieur (graviers et sables à *Mastodon arvernensis* et à *Elephas meridionalis*). Il occupe d'assez vastes superficies.

Il est essentiellement constitué par des sables, graviers ou cailloutis associés à des argiles. Ces dernières sont parfois réfractaires et exploitées en conséquence sur divers points (Coupe Gaudron à Ciry-le-Noble, Montchanin, Saint-Julien-sur-Dheune, hameaux de la Verne et de Mezelay, à l'Ouest de Gueugnon, enfin au Nord de Saint-Léon).

Tantôt, et c'est le cas le plus fréquent, les graviers et les sables sont constitués par des éléments de petite dimension; tantôt, au contraire, on trouve des galets assez volumineux de silex crétacés, de silex jurassiques, d'arkoses triasiques (dépôts situés entre Toulon-sur-Arroux, Marly, Digoin et Saint-Agnan; dépôts situés à l'Ouest de Saint-Bérain et de Saint-Léger-sur-Dheune).

Le Pliocène forme, dans la région de Montchanin et de Montceau-les-Mines, une terrasse située à l'altitude de 315 à 320 mètres se reliant à d'autres dépôts échelonnés le long de la vallée de la Sorne.

Il s'élève à de plus grandes altitudes aux environs de Gueugnon; on l'observe jusqu'à la cote de 350 mètres.

Les dépôts pliocènes recouvrent la presque totalité du terrain houiller depuis Montmaillot jusqu'au delà de Montchanin; ils créent ainsi, bien qu'ils ne forment qu'un manteau peu épais, de très grands obstacles aux observations géologiques superficielles.

Les pentes des plateaux couronnés par du Pliocène sont généralement recouvertes par des éboulis de ce terrain, qui masquent les formations sous-jacentes.

Aussi les affleurements apparents du Houiller sont-ils bien moins étendus que ne l'indique la carte géologique. Nous avons cru devoir en effet, pour faciliter l'intelligence de cette dernière, faire sur bien des points abstraction du Pliocène et des Éboulis.

Calcaires marneux développés seulement dans les vallées de la Bourbince, de la Loire et de la Besbre, notamment aux environs de Paray-le-Monial, de Digoin et de Bert. A Jaligny, on observe la partie supérieure de la formation; elle renferme en grande abondance des tubes de *Phryganes* et des *Helix Ramondi*.

Grès arkoses associés à des argiles généralement rougeâtres, ne constituant que des dépôts très restreints près de Neuvy et du Donjon.

Calcaires roux couronnant le sommet de la montagne Saint-Hilaire, à l'Ouest de Fontaines-lès-Chalon.

On observe de haut en bas la succession suivante :

Calcaires blancs ou jaunâtres avec sables dolomitiques intercalés;
Calcaires oolithiques en couches puissantes exploités pour pierres de taille tendres ;
Calcaire jaunâtre, compact, à grain lithographique, divisé en petits bancs bien lités;
Calcaires oolithiques rougeâtres, avec abondants débris de crinoïdes.

(Épaisseur : 150 à 180 mètres.)

L'Oxfordien est constitué par des marnes couleur blanc grisâtre, que surmontent des bancs de calcaire compacts.

Le Callovien est représenté par des marnes et des calcaires marneux jaunâtres. Épaisseur : 100 à 150 mètres pour les deux formations réunies.

Jurassique moyen. (Oxfordien et Callovien.)

En haut, calcaires compacts ou oolithiques avec bancs de sable magnésien intercalés ;

Au milieu, calcaires marneux grisâtres ;

En bas, calcaires finement oolithiques, activement exploités pour pierres de taille. Épaisseur : environ 100 mètres.

Le Jurassique supérieur et le Jurassique moyen ne s'observent que dans la partie Nord-Est de notre Carte, aux environs de Chagny.

Le Bathonien existe principalement aussi dans cette même région ; on n'en trouve que quelques lambeaux entre Perrecy et Paray-le-Monial.

Bathonien.

En haut, calcaires marneux jaunâtres ou grisâtres à *Ostrea acuminata* (épaisseur : 20 à 30 mètres).

Bajocien.

En bas, calcaires compacts, épais de 30 à 40 mètres, gris ou rougeâtres, pétris d'entroques et renfermant fréquemment des silex ou chailles. Très exploité ; il fournit d'excellents matériaux de construction.

Le Lias présente les successions suivantes, de haut en bas :

Lias.

Marnes supraliasiques (30 à 50 mètres), bleuâtres ou grisâtres, très fossilifères ; renferment à la partie inférieure des bancs de calcaires fissiles, jaunâtres, bitumineux ;

Marnes et calcaires à Bélemnites (50 à 60 mètres), présentant : en haut, des calcaires compacts peu épais, formant escarpement sur le flanc des collines liasiques ; au milieu, des marnes jaunes micacées ; en bas, des calcaires pétris de *Bélemnites* et de nodules de phosphate de chaux ;

Calcaires à gryphées (15 à 20 mètres). — Calcaires bleuâtres bien lités, en petits bancs, pétris de *gryphées arquées*. Les bancs supérieurs renferment des nodules de phosphate de chaux. Très exploité non seulement pour matériaux de construction, mais encore pour la fabrication de la chaux ;

Infralias et grès infraliasiques (15 à 20 mètres). — En haut, calcaires cristallins, couleur blanc grisâtre ; en bas, grès infraliasiques, tantôt agglutinés et rappelant les grès de Fontainebleau, tantôt, au contraire, à l'état de sables siliceux. Ces derniers sont exploités à Perrecy-les-Forges. Ils sont parfois à l'état de sables coulants et forment un niveau aquifère difficile à traverser dans les fonçages de puits.

En haut, *marnes irisées* constituées par des marnes bariolées associées à des calcaires dolomitiques et parfois à des dépôts de gypse. Leur puissance est

Trias.

très variable; elle est importante là où existent des couches de gypse (Saint-Lé-ger-sur-Dheune) et atteint alors 6o ou 8o mètres, mais elle devient très faible dans la région de Perrecy et de Génelard, et ne dépasse guère alors une dizaine de mètres.

En bas, *grès arkoses* très durs, bien développés dans la partie Nord-Est de la feuille où ils forment des bancs de grès à pavés; ils peuvent atteindre alors 2o à 3o mètres d'épaisseur; ils sont moins épais dans la région de Perrecy (1 2 à 1 5 mètres) et sont alors associés à des marnes rougeâtres.

Concordance
des plissements
jurassiques
avec
les plissements
houillers.

Les terrains jurassiques font défaut dans la partie du bassin comprise entre Montmaillot et Perreuil. Mais au delà de ces deux localités, ils recouvrent en partie ou en totalité la formation permo-carbonifère. A partir de Perreuil, les assises plongent en moyenne vers le Nord-Est, tandis qu'au delà de Mont-maillot elles plongent vers le Sud-Ouest. Il semble résulter de cette disposi-tion que le Jurassique formait autrefois un anticlinal dans la région de Mont-chanin, anticlinal enlevé ensuite par les érosions.

Cet anticlinal devait correspondre à peu près au plateau qui forme actuelle-ment la ligne de partage entre le bassin de l'Océan et celui de la Méditer-ranée.

Une remarque importante est suggérée par l'étude de l'allure des terrains jurassiques : on constate qu'ils forment un synclinal correspondant au synclinal permo-carbonifère.

Dans la vallée de la Dheune, les assises situées à l'Est plongent en effet vers l'Ouest, tandis que celles situées à l'Ouest plongent vers l'Est.

Une coupe schématique transversale, faite dans la région de Saint-Bérain et de Saint-Léger-sur-Dheune, donnerait la disposition figurée par le croquis ci-contre.

De même, dans la région de Perrecy et de Génelard, on voit les assises jurassiques, situées près du canal du Centre, plonger vers l'Ouest; malheu-reusement, il ne reste plus de témoins de la formation jurassique sur le ver-sant Ouest de la cuvette permo-carbonifère, de telle sorte que la démonstra-tion de l'existence d'un synclinal jurassique n'est pas complète.

La concordance des synclinaux jurassiques avec les synclinaux permo-carbo-nifères est d'ailleurs la règle normale dans Saône-et-Loire. Elle a été constatée dans le bassin d'Autun, dans celui de La Chapelle-sous-Dun, et même dans le petit bassin houiller de Forges.

Pareil résultat confirme les idées théoriques émises, depuis plusieurs années déjà, par M. Marcel Bertrand, sur la récurrence des mouvements orogéniques.

A l'intérieur du synclinal permo-carbonifère, le Jurassique est assez disloqué; les nombreuses failles figurées dans les lambeaux situés entre Perrecy, Palinges, Clessy et Saint-Romain-sous-Versigny témoignent de ces multiples dislocations.

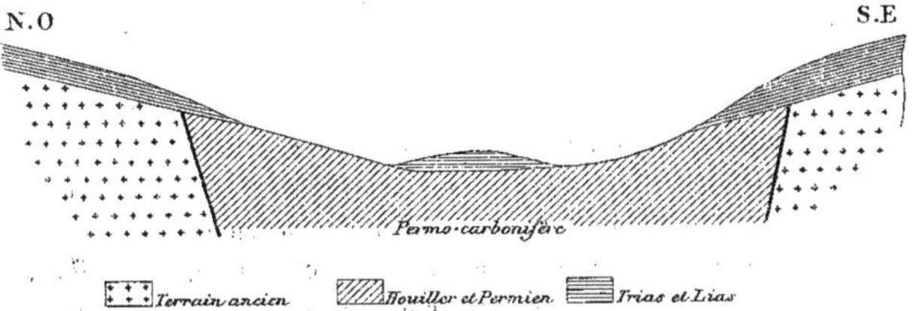

Fig. 2.

Une de ces failles nous paraît mériter une mention spéciale : c'est celle qui va de Montmaillot à Bragny-en-Charolais en passant par Perrecy. Son emplacement à Perrecy correspond à la ligne de contact du Permien et du Houiller, ainsi qu'on a pu le constater par les travaux du puits de Romagne. Il semble qu'il en est de même de Montmaillot. Si cette règle se poursuivait au Sud de Perrecy, il faudrait considérer ladite faille comme jalonnant l'emplacement en profondeur de la limite séparative du Houiller et du Grès rouge. Il y aurait là une indication utile pour les recherches du Houiller en profondeur.

Il est à remarquer que, de Montchanin à Perrecy, le Grès rouge est relevé contre la limite séparative avec le Houiller; la zone inférieure de la formation y affleure en effet le plus généralement. La faille mentionnée ci-dessus aurait également pour résultat de relever la partie du Jurassique déposée sur le Permien. Il semble donc qu'il y aurait eu là des phénomènes de soulèvement qui se seraient manifestés à deux reprises différentes : une première fois avant le dépôt du Trias (époque Hercynienne), une seconde fois à l'époque des plissements Alpins.

§ 2. FORMATIONS ANTÉRIEURES AU TERRAIN HOUILLER.

Les formations antérieures au terrain houiller figurées sur la carte, d'après les travaux de M. Michel Lévy, sont les suivantes :

Dévonien.	Granite.
Cambrien.	Amphibolite et Diorite.
Microgranulite.	Gneiss.
Granulite.	

Dévonien. — On observe surtout le Dévonien au Creusot et au Sud de cette ville. Le chemin qui mène du Creusot à la Croix-du-Lot fournit de bonnes coupes de cette formation; on y observe des schistes maclifères de couleur foncée associés à des quartzites. On y rencontre des filons de microgranulite.

La présence de galets de microgranulite dans les poudingues qui forment la base du houiller du Creusot sépare nettement, au point de vue de l'âge, les schistes maclifères du Houiller avec lequel on les avait parfois confondus. Quelques lambeaux de terrains analogues s'observent aux environs de Saint-Julien et de Saint-Bérain-sur-Dheune.

Cambrien. — Le Cambrien est développé à Saint-Léon, où il est constitué à la base par des schistes micacés maclifères et feldspathisés associés à des marbres siliceux; au-dessus viennent des grès et des quartzites, puis des schistes satinés ayant une grande épaisseur.

Microgranulite. — La Microgranulite forme des filons d'épaisseurs variables. Ces filons sont surtout nombreux au Sud du bassin houiller de Bert. La Microgranulite a fait son apparition avant le dépôt du terrain houiller.

Granulite. — La Granulite avec mica blanc abondant forme des filons ou des amas plus ou moins importants. Elle occupe sur notre Carte d'assez vastes superficies. Elle constitue la bordure du terrain houiller depuis Charrecey jusqu'à Montceau; des amas étendus se montrent également au Nord du Creusot et au Sud de Bert. Elle est souvent à l'état de Gneiss granulitique dans la bande qui s'étend entre Charrecey et Montceau.

La Granulite renferme fréquemment des minéraux; à l'Est de Montceau, près de Gourdon, on y rencontre du *Titane rutile*.

Granite. — Le Granite, tantôt rose, tantôt gris, avec mica noir et cristaux de feldspath parfois assez grands, forme presque exclusivement la bordure N. O. du bassin :

on le retrouve à Bert sur la bordure S. E. Il est postérieur au Cambrien de Saint-Léon qu'il perce et disloque.

Les Amphibolites et les Diorites ont été, vu leur faible développement dans la région, confondues sous une même teinte. Ces roches ne jouant aucun rôle au point de vue de la formation houillère, nous nous abstiendrons d'en parler plus longuement.

Le gneiss forme la limite du bassin au Sud de Montceau-les-Mines; on le retrouve également en bordure, sur une faible longueur, près du Donjon. Il se retrouve sur la bordure N. O. aux environs de Conches-les-Mines.

Amphibolites
et Diorites.

Gneiss.

CHAPITRE II.

CONSIDÉRATIONS GÉNÉRALES SUR LE BASSIN PERMO-CARBONIFÈRE.

Le bassin Houiller et Permien de Blanzy et du Creusot constitue, comme nous l'avons déjà dit, en y rattachant le bassin de Bert qui doit en faire partie, une vaste cuvette, s'étendant depuis Charrecey jusqu'au delà de Bert, sur une longueur d'environ 100 kilomètres.

Au delà de Charrecey, le Houiller et le Permien disparaissent sous le Jurassique; de même ils disparaissent sous le Tertiaire et les Alluvions au delà de Bert, mais on est naturéllement conduit à penser qu'ils se prolongent à d'assez grandes distances tant au N. E. qu'au S. O. Une aussi grande cuvette ne saurait, en effet, s'arrêter brusquement.

On a généralement admis, dans le passé, que la dépression permienne de la Serre et que la dépression houillère et permienne de Ronchamp étaient le prolongement de la cuvette du bassin de Blanzy et du Creusot, avec laquelle elles s'alignent d'ailleurs d'une manière frappante. *Prolongement au N. E.*

Toutefois nous devons mentionner que M. Marcel Bertrand a été amené, dans un Mémoire intitulé *Les lignes directrices de la géologie de la France* [1], à raccorder le synclinal de Blanzy et du Creusot avec le synclinal Houiller et Permien de Sarrebrück.

Nous n'insisterons pas davantage sur cette question du prolongement, à de grandes distances, du côté du N. E., de la dépression de Blanzy et du Creusot; toute solution serait vraisemblablement trop hypothétique, et nous nous bornerons à l'étude du prolongement dans la région toute limitrophe de Chagny et Rully.

Est-il possible de prévoir comment est disposée, sous les terrains jurassiques, la dépression permo-carbonifère?

---

[1] *Revue générale des sciences pures et appliquées*, n° 18, p. 307, 1894.

IMPRIMERIE NATIONALE.

Nous croyons qu'on peut y arriver approximativement en se basant sur la double remarque suivante :

Les terrains jurassiques sont moins disloqués sur le pourtour du bassin que dans le bassin lui-même ;

L'axe du synclinal jurassique ne doit pas différer beaucoup de l'axe du synclinal permo-houiller.

Si on observe que l'Oxfordien du bois de Sarre (au Nord de Mercurey) et celui d'Agneûx (à l'Ouest de Rully) paraissent, vu la topographie du sol, correspondre aux points les plus bas dans le substratum du terrain jurassique, on sera amené à penser que l'axe du bassin doit passer sensiblement suivant cette ligne.

Si on observe, en outre, que Santenay et Chassagne marquent au Nord, et le plateau de Touches au Sud, les limites entre les régions assez régulières et celles très disloquées, on sera amené à penser que la lisière Nord du bassin doit passer près de Santenay et de Chassagne, tandis que la limite Sud passerait non loin de Mercurey.

Le croquis ci-dessous montre quelle serait, d'après ces considérations, la disposition du bassin. Il s'élargirait sensiblement au delà de Saint-Bérain.

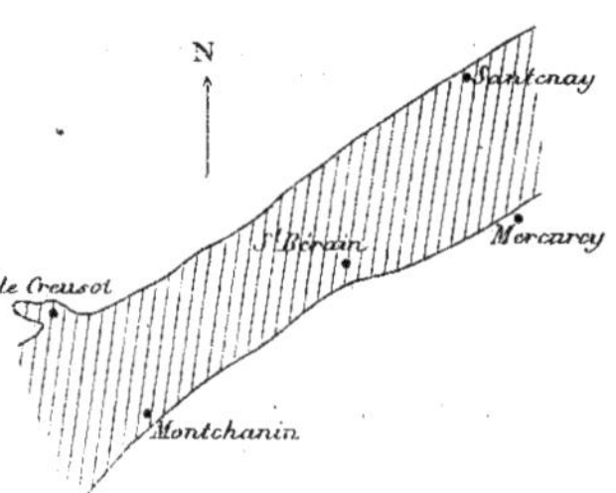

Fig. 3.

Le prolongement du côté du S. O. a donné lieu à diverses hypothèses.

Dans une première Note intitulée *Sur les bassins houillers du Plateau central* (*Bul. Soc. géol.*, 3ᵉ série, t. XV, p. 517), M. Marcel Bertrand avait émis l'avis que le bassin de Blanzy et du Creusot se déviait peut-être vers le Sud et se continuait par la dépression Aquitanienne de la vallée de l'Allier, contenant les bassins houillers de Brassac et de Langeac.

L'examen de la carte au millionième publiée par le *Service de la carte géologique* conduit à une remarque intéressante : c'est que la dépression ainsi entendue, comprenant le bassin de Blanzy et du Creusot et les bassins aquitanien et houiller de la vallée de l'Allier, forme un arc de cercle nettement parallèle à l'arc de cercle décrit par les Alpes.

Dans un Mémoire paru dans le *Bulletin du Service de la carte géologique* (t. II, mai 1890), nous avions émis l'avis que le synclinal de Blanzy et du Creusot avait pu être, sous la vallée de l'Allier, rejeté vers le Nord, de même que l'a été le Culm de Vichy entre Saint-Polgues et Vichy, de telle sorte que ce synclinal se continuait par la grande dépression du Plateau central comprenant les bassins de Noyant, de Saint-Éloy et de Champagnac.

Nous serons amené, à la suite de notre étude des formations houillères, à admettre que la lisière S. E. du bassin devait probablement faire partie de bassins analogues à ceux de la grande trainée du Plateau central, de telle sorte que nous considérons encore comme assez vraisemblable l'hypothèse énoncée ci-dessus.

En 1894, dans le Mémoire déjà mentionné et intitulé *Les lignes directrices de la géologie de la France,* M. Marcel Bertrand admet, comme l'avait déjà fait M. Michel Lévy, que le synclinal de Blanzy et du Creusot se continue après avoir été dévié vers le Nord, dans la vallée de l'Allier, par le synclinal de Villefranche, Commentry, Montluçon; mais il admet également que ce phénomène a été accompagné de plis orthogonaux, dirigés respectivement suivant la vallée de la Loire, la vallée de l'Allier, enfin la grande dépression houillère du Plateau central.

Le croquis de la page suivante montre quelle serait, d'après M. Marcel Bertrand, la disposition de ces divers synclinaux.

Ces considérations ont naturellement un caractère très hypothétique et ne doivent être acceptées qu'avec réserve; toutefois elles nous ont paru être assez intéressantes pour mériter d'être brièvement reproduites dans le présent exposé.

Nous nous bornerons d'ailleurs, dans les paragraphes qui vont suivre, à l'étude du bassin entre Charrecey et Bert.

La carte montre que le bassin présente essentiellement les dispositions suivantes :

Disposition du Houiller et du Permien.

Le Houiller n'affleure que sur les lisières. Sur la lisière S. E., il forme une bande étroite, presque rectiligne, qui se poursuit, sans solution de continuité, depuis Charrecey jusqu'au delà de Perrecy; des sondages récents ont, en effet, reconnu sa présence au hameau de Champeaux au S. E. de Bragny-en-Charolais. Entre le Donjon et Bert, on ne retrouve plus de Houiller; ce dernier doit donc se terminer quelque part entre Champeaux et le Donjon.

Quoi qu'il en soit, on peut dire que, sur la lisière S. E., le Houiller forme une mince bande s'étendant presque rectilignement sur, au moins, les 55 kilomètres qui séparent Champeaux de Charrecey.

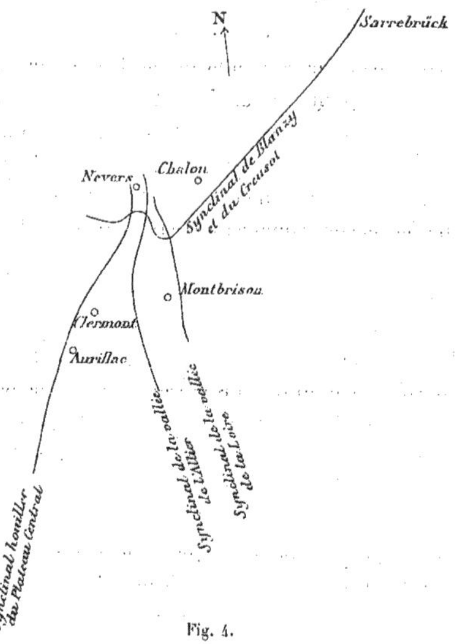

Fig. 4.

Sur la lisière N. O., on ne rencontre, au contraire, que de très petits lambeaux de Houiller discontinus, répartis entre Grandchamp et le Creusot.

Parmi ces lambeaux, un seul, celui du Creusot, a une certaine étendue; les autres sont très restreints; celui de Saint-Eugène, notamment, est minuscule.

Le surplus de la cuvette est rempli par la formation permienne.

Le Permien présente à sa partie supérieure le Grès rouge ou *Saxonien*, et à sa partie inférieure l'étage des Schistes d'Autun ou *Autunien*.

L'Autunien ne forme également que des lambeaux discontinus. A Bert, il occupe une superficie assez étendue; à Charmoy et à Vandenesse-sur-Arroux, les affleurements présentent encore des surfaces appréciables; mais à Martenet, au Grenouillat, au Puits, à l'Échenault et à Courmarcou, on ne trouve que des lambeaux insignifiants.

Le Saxonien inférieur forme une grande bande qui s'étend depuis les environs du Creusot jusqu'à Curdin, où elle vient buter contre la lisière granitique. Au Sud de Montcenis se détache une digitation qui s'étend du côté de Blanzy. Cette bande joue un rôle important au point de vue géologique et au point de vue hydrographique : elle forme une dorsale de chaque côté de laquelle on retrouve le Saxonien supérieur; enfin elle sépare, comme nous l'avons déjà dit, le bassin des Pontins de celui de l'Oudrache.

Contre la lisière N. E., au Nord du village du Breuil, existe un affleurement assez important du Saxonien inférieur; on en retrouve également un témoin entre le Donjon et Bert.

Enfin, et c'est là un fait assez intéressant, on observe des lambeaux de cette formation au contact du Houiller de la lisière S. E., depuis Montchanin jusqu'à Perrecy, où elle a été rencontrée par le puits de Romagne au-dessous du Jurassique. La butte de Sanvignes, au S. O. de Montceau, qui domine la région, appartient au Saxonien inférieur.

Le Saxonien supérieur occupe la majeure partie du bassin; au N. E. de Saint-Bérain-sur-Dheune, et dans la région comprise entre Gueugnon et la Loire, enfin plus au Sud, aux environs de Liernolles, on n'observe que cette seule formation.

Ajoutons, en terminant ce paragraphe, que l'irrégularité des affleurements du Saxonien inférieur et mieux encore l'éparpillement des lambeaux autuniens conduisent, sans plus ample examen, à penser que la formation permienne doit être assez bouleversée.

CHAPITRE III.

TERRAINS PERMIENS.

§ 1. GRÈS ROUGE OU SAXONIEN.

A. Saxonien supérieur.

Les Grès rouges sont constitués le plus généralement par des grès à texture Constitution
des assises. lâche colorés en rouge et rubanés de blanc. On observe de bonnes coupes de ces terrains dans les tranchées du chemin de fer ou de la route entre Montchanin et le Creusot.

Parfois le Grès rouge est représenté par des conglomérats ou des poudingues à éléments de granite, de gneiss, de granulite, de micro-granite et de schistes anciens.

La route allant du hameau de Fresse à Saint-Eugène donne d'intéressantes coupes de cette formation. Elle montre des poudingues rouges rubanés de blanc, dont les éléments deviennent de plus en plus gros à mesure qu'on se rapproche de Saint-Eugène, où existent de véritables conglomérats.

Des conglomérats à très gros éléments, disposés tout à fait en désordre, se voient également au Sud du Sorbier, près de Bert, dans l'étroite bande qu'occupe en cet endroit la formation.

On retrouve encore une zone de poudingues dans la partie centrale du bassin, le long du flanc Est de la dorsale formée par le Saxonien inférieur, de Montcenis à Toulon-sur-Arroux. On l'observe notamment à la Coudraye, au Moulin de la Garde (où une carrière permet de bien les observer), enfin au calvaire de Charmoy.

Aux environs de Digoin, les Grès rouges contiennent quelques bancs siliceux, qu'on peut observer à la Rochette, en face de Digoin. On en voit également dans les tranchées du chemin de fer entre Digoin et Saint-Agnan.

Je ne saurais mieux faire d'ailleurs pour indiquer la constitution du

Saxonien supérieur, que de reproduire la coupe du puits de la Vesvre, foncé de 1853 à 1857, par MM. Schneider, en vue de rechercher le terrain houiller.

PROFONDEUR.	ÉPAISSEUR.	NATURE DES ASSISES.
m. cent.	m. cent.	
32 00	32 00	Grès rougeâtre fin avec quelques cailloux.
53 00	21 00	Grès grossier caillouteux avec quelques rares et minces veines d'argile.
"	7 00	Grès rouge ordinaire.
238 00	178 00	Grès rouge rubané de blanc.
263 00	25 00	Grès rouges, grès blancs avec cailloux.
268 00	5 00	Grès rubané rouge et blanc avec poudingues; éléments énormes.
284 00	16 00	Grès rubané rouge et blanc.
293 00	9 00.	Grès argilo-ferrugineux très rouge avec quelques noyaux verdâtres.
299 00	6 00	Grès rubané.
314 00	15 00	Grès avec schistes rouges et verts. Veines calcaires. Tiges de bois silicifié.
337 60	23 60	Grès assez dur, rouge et blanc.
Fin du fonçage.		

Cette coupe montre combien est uniforme, jusqu'à 300 mètres de profondeur, le Saxonien supérieur. C'est toujours du grès peu cohérent, rouge rubané de blanc, ne renfermant que quelques rares et minces veines d'argile. Des galets s'observent de loin en loin, à la partie supérieure; ce n'est que vers 270 mètres qu'on trouve de véritables poudingues.

Au-dessous de 300 mètres apparaissent des formations différentes: on observe des argiles rouges et vertes, des veinules calcaires, enfin les grès deviennent plus durs et moins rouges. On arrive en effet, vers 300 mètres, au commencement de l'étage inférieur que nous étudierons dans le paragraphe suivant.

Cette uniformité des grès rouges explique pourquoi, au sondage de Torcy, le carnet de sondage mentionne seulement jusqu'à la profondeur de 495 mètres du grès rouge rubané, et que semblable mention est faite pour le sondage de la Mouillelonge jusqu'à la profondeur de 371 mètres.

Bois silicifiés.   On trouve dans le Grès rouge quelques bois silicifiés, mais ces derniers se rencontrent surtout dans les assises qui forment le passage entre l'étage supé-

rieur et l'étage inférieur, et peuvent être ainsi attribués indifféremment à l'un
ou à l'autre de ces étages.

C'est au voisinage du hameau des Bizots, à l'Est de Charmoy, qu'on a
rencontré en plus grande abondance les bois silicifiés. Ces derniers, qui sont
d'ailleurs exclusivement des bois de dicotylédones, n'ont, jusqu'ici, fait l'objet
d'aucune étude spéciale.

Nous venons de dire qu'au sondage de Torcy l'épaisseur des grès rouges
traversés avait été de 495 mètres, soit d'environ 500 mètres. Ce dernier
chiffre est donc un minimum, et il est possible que cette épaisseur atteigne
sur d'autres points, notamment dans la région de Digoin, des chiffres beaucoup
plus importants.

Le Grès rouge est d'ailleurs peu résistant, et il a subi par érosion de fortes
ablations. On voit en effet que les points occupés par le Grès rouge correspondent en général à des dépressions de la surface du sol, résultat dû à la plus
grande altérabilité de ces assises. Ce phénomène est bien apparent dans la
cuvette de Grès rouge de Saint-Bérain-sous-Sauvignes; on voit également, au
contact du Grès rouge et des terrains anciens, ces derniers former de véritables
escarpements.

Le Saxonien supérieur ne présente aucun intérêt industriel; il ne renferme pas de gîtes minéraux exploitables, et pas d'assises pouvant fournir des
matériaux de construction.

B. Saxonien inférieur.

Nous avons vu, dans les paragraphes précédents, que la zone supérieure du
Grès rouge était uniformément constituée par des grès rouges rubanés de blanc
associés à quelques poudingues et sans intercalation de schistes.

Dans la partie inférieure, au contraire, on rencontre de très nombreuses
assises d'argiles colorées, en noir, en rouge, en vert, ou en brun chocolat.

Sondage de la Mouillelonge. — La coupe du sondage de la Mouillelonge
poussé par MM. Schneider et Cⁱᵉ, de 1853 à 1857, jusqu'à 920 mètres de
profondeur, donnera une idée de la constitution de cet étage.

SONDAGES DE LA MOUILLELONGE.

PROFONDEUR.	ÉPAISSEUR.	NATURE DES ASSISES.
mètres.	mètres.	
371	371	Grès rouge rubané de blanc.
373	2	Grès fin argileux verdâtre.
394	21	Grès granitique à gros grains.
411	17	Grès fin argileux verdâtre passant à la couleur rougeâtre.
416	5	Grès fin micacé (une tige de plante).
420	4	Argile schisteuse noire à surface luisante.
426	6	Grès granitique à mica blanc.
436	10	Schistes argileux noirs à surfaces polies.
497	61	Grès granitique à mica blanc.
498	1	Argile schisteuse verdâtre. (Inclinaison, 10 degrés.)
521	23	Grès granitique.
523	2	Argile schisteuse verdâtre.
538	15	Grès granitique.
548	10	Alternance de grès granitique et d'argile schisteuse.
565	17	Grès granitique.
577	12	Grès argileux schisteux verdâtre. (Inclinaison, 10 degrés.)
616	"	Grès granitique à gros noyaux de feldspath rose.
618	2	Schiste argileux gris noir pétri d'empreintes.
652	34	Grès granitique à gros noyaux de feldspath rose.
662	10	Schiste argileux gris à surfaces luisantes.
680	18	Grès granitique à noyaux de feldspath rose.
681	1	Schiste micacé verdâtre et rougeâtre.
722	41	Grès granitique.
725	3	Grès granitique et schiste argileux verdâtre.
735	10	Grès granitique à noyaux de feldspath rose avec quelques minces lits de schistes argileux verdâtres.
745	10	Grès granitique.
747	2	Schiste argileux noir à noyaux calcaires.
753	5	Schiste argileux micacé brun rougeâtre.
762	9	Grès granitique.
765	3	Grès fin schisteux micacé avec traces d'empreintes.
776	11	Grès granitique à noyaux de feldspath rose.
780	4	Schiste argileux noir et grès fin gris avec empreintes d'*annularia* et *fougères*. (Inclinaison, 10 degrés.)
786	6	Grès fin gris ou verdâtre avec mica blanc.
788	2	Grès fin schisteux micacé brun chocolat.

PROFONDEUR.	ÉPAISSEUR.	NATURE DES ASSISES.	
mètres.	mètres.		
802	14	Grès granitique.	
818	16	Schiste argileux gris noir.	
824	6	Grès fin micacé brun chocolat.	
837	13	Grès granitique, feldspath rose.	
850	13	Schiste argileux noir passant à un grès très fin. (Inclinaison de 20 à 30 degrés.)	
857	7	Grès fin granitique.	Autunien.
861	4	Grès fin micacé schisteux de couleur brune. (Inclinaison, 35 degrés.)	
920	59	Schiste noir très micacé avec veinules de chaux carbonatée et quelques empreintes de tiges minces indéterminables. (Inclinaison, 38 degrés.)	
Fin du sondage.			

Cette coupe donne lieu aux observations suivantes :

De 371 à 837 mètres, soit sur une hauteur de 466 mètres, on a recoupé une succession d'assises de grès blancs et grisâtres alternant avec des schistes diversement colorés (noir, rouge, vert, brun, chocolat); l'inclinaison est restée faible (10 degrés environ).

De 837 jusqu'à 920 mètres on a rencontré des terrains différents, grès fins, micacés, et schistes noirs également très micacés; les colorations vertes ou rouges ont disparu, en même temps l'inclinaison a augmenté, elle s'est successivement élevée de 20 à 38 degrés. Nous pensons que ces dernières assises ne font plus partie des Grès rouges, et qu'elles appartiennent à l'Autunien.

L'étage inférieur des Grès rouges serait donc compris entre 371 et 837 mètres; il aurait ainsi une épaisseur, mesurée suivant la normale, d'environ 450 mètres.

La coupe ne mentionne pas de poudingues, mais ces derniers sont difficiles à reconnaître dans un sondage, et nous sommes disposé à penser que les bancs désignés dans la coupe, à partir de la profondeur de 577 mètres, sous le nom de « grès granitiques à gros noyau de feldspath rose » ou de « grès granitiques à noyau de feldspath rose » pouvaient bien être, en réalité, des poudingues. Ces gros cristaux de feldspath provenaient vraisemblablement, en effet, de galets de granite constituant des poudingues.

L'étage inférieur des Grès rouges occupe d'assez vastes superficies dans le bassin, et on peut observer sa composition sur diverses points. Cette dernière paraît d'ailleurs offrir quelques variations suivant les localités. Nous allons les passer brièvement en revue, en commençant par la large bande qui s'étend de Montcenis jusqu'au delà de Toulon-sur-Arroux.

En suivant la route qui va de Saint-Nizier-sous-Charmoy à Montcenis, on observe, entre Montfaucon et les Gauvriots, une alternance de grès diversement colorés, en gris, en rouge ou en vert. Aux Gavriots, au sommet portant la cote 473, les grès se transforment en arkoses autrefois exploités; des arkoses s'observent également au sommet de la butte qui domine le hameau des Garcherys. Aux Machurons, on trouve des poudingues à gros éléments de granulite.

Au vieux château de Montcenis existent des carrières ouvertes dans du grès arkose légèrement rougeâtre. Ces arkoses paraissent occuper la partie supérieure de la formation. De chaque côté de cette dorsale de Montcenis apparaissent des grès rouges présentant des plongées différentes.

A Bois-Liteau, à l'Ouest de Charmoy, on observe des grès gris ou blancs renfermant de gros galets de roches anciennes, notamment de gneiss. Ils paraissent avoir une forte plongée à l'Ouest et viennent buter contre des schistes autuniens, dont nous parlerons plus loin; ces derniers ont une plongée inverse, c'est-à-dire du côté de l'Est.

A Courmarcou, au Nord-Ouest de Saint-Bérain-sous-Sanvignes, on observe au-dessus d'un petit lambeau d'Autunien, et le long du chemin qui monte au hameau, de beaux affleurements de grès blancs, avec quelques bancs de poudingues et de schistes. Ces grès avec poudingues rappellent ceux de Bois-Liteau. Il y a, comme à Bois-Liteau, un passage brusque des schistes autuniens aux grès saxoniens. Diverses carrières exploitent des bancs de grès aux environs de Courmarcou.

On retrouve cette même formation de grès blancs et de poudingues sur tout le flanc de la vallée des Pontins, notamment à la Loge et aux Vernes. Ils forment l'escarpement compris entre les hameaux de la Coudraye et de la Praye situés sur la hauteur et la rivière des Pontins. Cette pente est garnie de galets de granite et de granulite.

A la Praye, on observe notamment d'énormes galets de granulite, dont quelques-uns ont deux à trois fois le volume de la tête.

A Crot-Monial, dans cette même vallée des Pontins, les poudingues renferment des éléments très volumineux, dont quelques-uns mesurent un demi-mètre cube.

A Toulon-sur-Arroux, sur le bord de la rivière des Pontins, existe une im- 3ᵉ Région
entre
Toulon-sur-Arroux
et Curdies
et
à l'Est de Toulon.
portante carrière de grès pour pierres de taille. On y observe également des
poudingues et des schistes noirs.

A Vernizy, au Sud-Ouest de Toulon, sur la rive gauche de l'Arroux, une tranchée de la route donne une bonne coupe de terrains appartenant probablement
à la partie supérieure de la formation.

On observe de bas en haut :

Schistes noirs et grès micacés	10 à 15 mètres.
Grès fins micacés avec veines de schistes micacés gris...	4
Grès fins et grès grossiers avec galets, associés à des schistes micacés brun noirâtre	15 à 20
Poudingue à gros éléments	10 à 12
Grès friable rouge bariolé de blanc	5 à 10
Alternance de grès et schistes gris avec grès et schistes rouges.	15 à 20
Grès rouge bariolé de blanc avec quelques lits de schistes gris	?

Au Nord de Vernisy, au hameau du Théâtre, on trouve également de bonnes
coupes. On remarque notamment des grès fins analogues à ceux rencontrés dans
un puits de mine exécuté jadis au Maupas pour la recherche du gîte de Pully.

Au Sud de Vernizy et au Nord de Vendenesse-sur-Arroux, entre les hameaux
de Vollot et de la Vella, une carrière montre des conglomérats à élément granitique simulant le granite en place.

En face de Curdin, on observe, sur la lisière des granites, des poudingues à
très gros éléments, mais, près du village, on rencontre des grès et des schistes
gris ou noirs qui ont, vers 1858, provoqué des recherches.

Au Nord du village, près du hameau de « Chez Buisson », un puits de
35 mètres a recoupé, vers 11 ou 12 mètres de profondeur, un filet de houille
de 20 centimètres.

Près du hameau du Crot, dans le fond de la vallée, un autre puits a été,
de 1858 à 1861, poursuivi jusqu'à 260 mètres. Nous reproduisons ci-dessous
la coupe, assez sommaire d'ailleurs, que nous avons pu nous procurer.

Grès et schistes avec filet de houille	20 mètres.
Grès rose à grains grossiers	47
Schistes charbonneux	13
Poudingues	10
Grès grossiers	5

Grès et schistes charbonneux.. 5 mètres.
Grès fin verdâtre.. 7
Grès rouge et grès verdâtre... 12
Grès verdâtre avec filet de houille...................................... 6
Grès micacé... 2
(Lacune dans la coupe entre 118 et 130 mètres), soit................. 12
Alternances de grès et de schistes avec filets de houille de 0 m. 10,
    0 m. 15 à 130, 150 et 205 mètres (traces de calcaires et
    de goudron)... 66
Grès.. 15
Grès et schistes alternant... 40
Inclinaison des bancs variable, de 5 à 25 degrés.

Un travers bancs de 20 mètres, pratiqué au fond du puits, a rencontré un banc de poudingues, puis des schistes micacés.

La présence des grès rouges et verdâtres, à la profondeur d'environ 100 mètres, montre qu'on avait affaire à la zone inférieure du Grès rouge. Dans les déblais, nous avons d'ailleurs recueilli des schistes couleur brun chocolat.

Comme le Grès rouge bien caractérisé existe à peu de distance au Sud de Curdin, on peut penser que les assises du puits de Curdin représentent la partie supérieure du Saxonien inférieur.

Sur la route de Toulon-sur-Arroux à Chalon-sur-Saône, tout près de Toulon, existent de nombreuses carrières de pierres de taille ouvertes sur des grès grossiers renfermant quelques galets et associés à des schistes.

Au Nord-Est de Toulon, entre les hameaux de la Folie et de Montchanin, on peut observer également quelques bonnes coupes; on retrouve, dans des carrières situées à Montcenis, des assises analogues à celles des carrières de Toulon.

De l'autre côté de la dorsale que forme le Saxonien inférieur, au Nord et au Nord-Ouest du village de Marly, on trouve des grès arkoses, ayant parfois un teinté rougeâtre et rappelant, par leur aspect, les arkoses de Montcenis. Ces grès arkoses paraissent être à la limite séparative du Saxonien inférieur et du Saxonien supérieur.

Au Nord-Ouest de Dompierre, en allant de l'Étang de Martenet au hameau de Changy, on observe assez bien dans la zone le passage entre les deux étages. La formation se charge de poudingues qui deviennent de plus en plus grossiers; on voit en même temps apparaître des colorations rouges et vertes qui deviennent de plus en plus nombreuses, puis on entre progressivement dans une formation uniformément rouge.

Ajoutons que, sur tout la dorsale, les terrains sont très disloqués; les plongées des bancs subissent de continuelles variations.

Dans la région du Breuil, les grès grisâtres présentent un assez grand dévelop- 4° Lisière N. O. du bassin. pement. Ils sont associés à des poudingues qui parfois, notamment au Nord-Est du village, renferment des galets granitiques de grandes dimensions.

Au Sud du hameau des Couchets, sur le mamelon portant la cote 471, les grès se transforment en arkoses analogues à celles de Montcenis. Ces arkoses renferment des veinules de quartz avec minerais verdâtres qu'on a classés comme minerais de chrome.

Près du hameau d'Anxin, on trouve, contre la lisière granitique, de très gros blocs de granulite arrondis, qu'on avait parfois considérés comme appartenant à un dépôt houiller, à cause de la couleur noire de quelques filets schisteux. Il n'y a aucun motif, en l'état actuel, pour justifier cette assimilation. Nous avons donc classé la formation d'Anxin dans le Saxonien inférieur.

Mentionnons encore les localités suivantes comme se prêtant bien aux observations de la surface :

Noizeret, au Sud de Couche-les-Mines, où apparaît un poudingue à gros éléments de granite, avec filets de quartz et de barytine rose;

Les Bonnards, où on peut observer une alternance de bigarrures grises, rouges et vertes.

Le Saxonien inférieur apparaît nettement en deux points, le long de la lisière 5° Lisière S. E. du bassin. (Montchanin. Sanvignes, Perrecy.) houillère, à Montchanin et à Sanvignes.

A Montchanin on exploite, pour les besoins de la Tuilerie de Bourgogne, des bancs de grès schisteux et de schistes alternativement rouges et verts. Une petite veine de houille, d'environ 5o centimètres, était apparente dans une des carrières. Ces assises doivent appartenir à la partie supérieure du Saxonien inférieur, attendu qu'à peu de distance à l'Ouest on rencontre des terrains exclusivement rouges.

Le puits Sainte-Barbe de Montchanin, profond de 381 mètres, a été foncé autrefois dans cet étage; on avait observé la succession suivante :

Terre végétale et alluvions.............................	9 mètres.
Schistes noirs...	14
Grès lâches...	13
Grès rose bouleversé avec schiste verdâtre intercalé..........	74
Grès gris et roses.....................................	5o
Schistes noirs...	5

Grès schisteux.................................... 18 mètres.
Grès rose très dur................................. 55
Schiste noir micacé............................... 8
Grès rose... 26
Schiste vert luisant............................... 8
Grès dur massif et poudingues...................... 91

Cette coupe montre qu'en dehors des schistes verdâtres les terrains traversés par le puits pouvaient fort bien être considérés comme appartenant au Houiller. Cette classification, qui était celle de Manès, était d'ailleurs encore admise dans ces dernières années.

La coupe d'ensemble par les puits Saint-Vincent et de Ségur, que nous avons reproduite plus loin (fig. 13, page 70), montre quelle est la constitution du Saxonien inférieur dans cette région. On voit que le travers bancs ouvert au niveau de 165 mètres de l'ancien puits de Ségur (puits n° 1) a recoupé dans le Permien une couche de schistes bitumineux de 6 mètres d'épaisseur.

On constate également que le puits de Ségur n° 2, et le sondage pratiqué au bout du travers bancs du niveau de 500 mètres, ont rencontré une alternance de schistes et grès noirs ou gris et de grès et schistes rouges ou verts. Ce n'est qu'à la profondeur, au-dessous du sol, d'environ 900 mètres, qu'on a pénétré dans des terrains noirâtres ou grisâtres principalement schisteux, qui appartiennent probablement à l'Autunien.

Toutefois il y a lieu de remarquer que les assises sont assez bouleversées, qu'elles présentent des changements de pendage, de telle sorte que ces recherches ne permettent pas de chercher à évaluer la puissance du Saxonien inférieur.

Dans la région de Sanvignes, on peut faire les observations suivantes :

On trouve des terrains rouges près du hameau du Magny, dans la tranchée de la route qui va à Montmaillot. Cet affleurement est situé à environ 400 mètres du puits de Magny qui est placé sur le Houiller. La limite séparative du Houiller et du Permien doit donc passer entre ces deux points ; il en résulte qu'une ancienne carrière de schistes bitumineux, dite *carrière des Georgets* [1], se trouve située sur le terrain permien.

Des explorations anciennement opérées avaient montré qu'il y avait égale-

---

[1] Cette carrière a été exploitée vers 1858 ; la couche avait une épaisseur de 0,80 et plongeait au Sud-Ouest ; le minerai rendait à la distillation de 4 à 5 p. 100 d'huile brute. — Dans les déblais nous avons trouvé jadis des écailles de poissons, des coprolites et des veinules calcaires.

ment des affleurements de schistes bitumineux au Nord du hameau de « Chez Legain », à l'Ouest du hameau des Chevriers, près du hameau de Le Chenaud et près de celui des Pères.

On aurait même trouvé les schistes des Chevriers associés à une petite couche de houille. Un puits foncé, vers 1829, entre le domaine de Ryon et celui de « Chez Legain » aurait également, paraît-il, rencontré une couche de houille.

La zone comprise entre le Magny et la butte de Sanvignes paraît donc être principalement constituée par une formation schisteuse plongeant vers l'Ouest. Mais lorsqu'on arrive au pied de la butte de Sanvignes, on trouve des grès à teinte rougeâtre plongeant en sens contraire; cette formation de grès se poursuit jusqu'au sommet de la butte, où on observe des arkoses exploités en carrières et rappelant les arkoses de Montcenis.

Lorsqu'on descend de cette butte par la route qui va à Saint-Bérain-sous-Sanvignes, on trouve des assises bariolées de gris, de rouge et de vert, puis on entre franchement dans le grès uniformément rouge. Ces assises bariolées, qui rappellent celles des tuileries de Montchanin, étaient probablement celles qui alimentaient jadis les tuileries situées au Bois de Verne, au Nord-Ouest de Montceau.

Il est difficile, vu la grande dislocation des assises, de faire une coupe des terrains de Sanvignes. Tout ce qu'on peut dire, avec quelque vraisemblance, c'est que les assises appartiennent à la zone supérieure du Saxonien inférieur, et qu'elles renferment, comme à Montchanin, des schistes bitumineux, des veines de houille et des argiles bariolées.

Au Sud de Sanvignes, les dépôts du Pliocène et ceux du Jurassique masquent des affleurements de cet étage, mais le puits de Romagne, profond de 300 mètres, foncé à côté de Perrecy, a recoupé, après 55 mètres de Lias et de Trias, une alternance de grès gris, de poudingues, de schistes noirs et de schistes rouges, sur une hauteur de 245 mètres.

Deux couches de houille ont été rencontrées, l'une de 2 à 3 mètres d'épaisseur à la profondeur de 186 mètres, et l'autre de 1 m. 80 d'épaisseur à la profondeur de 290 mètres. Cette dernière a motivé quelques travaux d'exploitation dont l'irrégularité du gisement et l'impureté du charbon ont bientôt amené l'arrêt. La coupe des terrains recoupés par le puits de Romagne ou n° 1 est reproduite pl. XIII. Elle montre que les assises grises ou noires constituent la majeure partie de la formation et que les terrains rouges sont l'exception. On conçoit donc que des explorateurs aient cru tout d'abord avoir affaire au Houiller.

Toutefois il n'y a aucun doute sur le classement dans le Permien des terrains recoupés par le puits; les empreintes recueillies à diverses profondeurs ont, d'après M. Grand'Eury, fourni les espèces suivantes :

Callipteris obliqua,	*Odontopteris obtusa,*
Callipteris pseudo-britannica,	*Pecopteris Schotheimii,*
Callipteris conferta,	*Pecopteris Martinsii,*
Calamites major,	*Annularia carinata,*
Calamites infractus,	*Annularia radiiformis,*
Odontopteris catadroma,	*Asterophyllites equisetiformis.*

Comme les Grès rouges de l'étage supérieur sont bien accusés à peu de distance et à l'Est du puits de Romagne, il est permis de penser que les assises recoupées par ce dernier appartiennent à la partie la plus élevée du Saxonien supérieur.

L'étage du Saxonien inférieur n'a qu'une importance bien mince au point de vue industriel, il fournit seulement quelques matériaux de construction de qualité médiocre; les schistes bitumineux et veines de houille qu'il renferme n'ont pu, jusqu'ici, être avantageusement exploités.

Résumé.   En résumé, le Saxonien inférieur présente les caractères et particularités suivantes :

Il est principalement constitué par des grès associés à des poudingues. Ces derniers sont surtout développés à la base de l'étage; on les observe notamment près de la lisière Nord-Ouest, et sur la dorsale qui s'étend de Montcenis à Toulon-sur-Arroux.

Les grès et poudingues, généralement blancs ou grisâtres, prennent progressivement des teintes rougeâtres à mesure qu'on se rapproche de la partie supérieure de la formation. Ils sont parfois alors, et probablement par places, à l'état d'arkoses (Les Couchet-Sanvignes-Montcenis). A ces grès sont associés des schistes noirs, rouges, verts ou brun chocolat; les schistes bariolés occupent surtout la partie supérieure de l'étage et s'observent principalement sur la lisière Sud-Est. Ils sont parfois alors associés à des schistes bitumineux.

Des veinules et même parfois de véritables couches de houille s'observent également dans la zone supérieure et ont motivé des recherches (Perrecy, Curdin).

L'épaisseur totale de l'étage peut, d'après les indications du sondage de la Mouillelonge, être évaluée à 400 ou 500 mètres.

§ 2. AUTUNIEN.

L'Autunien forme, comme il a déjà été dit, plusieurs lambeaux discontinus. Nous allons les passer successivement en revue.

L'Autunien occupe à Charmoy une surface relativement étendue, et il y a été, à diverses reprises, l'objet de travaux de recherche importants.

Gîte de Charmoy.

On y aperçoit très nettement, en bien des points, les affleurements de schistes fins, très micacés, de couleur noirâtre ou gris jaunâtre; ces schistes renferment des veinules de calcaire dolomitique et des veinules de houille.

Les empreintes de plantes sont particulièrement abondantes; diverses espèces de *Walchia,* notamment, y sont très fréquentes; les *Callipteris* s'y rencontrent également sous des formes assez variées, témoignant ainsi du caractère nettement permien de ces assises.

Les premières recherches sérieuses ont été exécutées, de 1855 à 1857, par M. Manigler. Cet ingénieur avait été amené à penser que les couches supérieures de Montceau appartenaient au Permien, et qu'elles devaient exister à Charmoy à une profondeur restreinte. Il avait, en conséquence, entrepris le fonçage d'un puits non loin du village de Charmoy et sensiblement dans la partie médiane du massif schisteux.

Ce puits fut poussé à la profondeur de 224 mètres; un travers bancs de 50 mètres de longueur fut ensuite exécuté au fond du puits. (Voir coupe ci-contre.)

Les terrains traversés étaient essentiellement constitués par des schistes noirs ou gris dont la monotonie n'était interrompue que par quelques bancs de grès schisteux. Les schistes noirs renfermaient quelques veinules de houille; on avait également rencontré des veines de calcaire dolomitique.

L'ensemble de la formation plongeait vers le Nord avec une pente assez régulière d'environ 35 degrés.

L'exploration de la région située au Sud du puits Manigler montrait que la plongée des assises était toujours dans le même sens; d'autre part, aucun accident important n'ayant été reconnu à la surface, on fut conduit à admettre qu'un forage, placé à 300 mètres de distance du puits, tout contre l'affleurement du Grès rouge inférieur, aurait une moindre profondeur à atteindre avant d'arriver à la base de l'Autunien.

La régularité de la formation paraissait d'ailleurs établie par la rencontre qu'avait effectuée un petit puits, à la profondeur de 18 mètres, d'une barre blanche de 1 mètre à 1 m. 20 d'épaisseur, que le puits Manigler avait recoupée à 145 mètres.

Le point où ce banc affleurait était exactement celui qui correspondait à la pente des assises observée dans le puits Manigler [1].

C'est d'après ces données que MM. Schneider et Cie exécutèrent, de 1890 à 1896, un grand sondage, dit « sondage de Charmoy », qui fut poussé jusqu'à la profondeur de 1,179 mètres. L'orifice de ce sondage était à la cote d'environ 320 mètres.

La coupe montre que, jusqu'à la profondeur de 480 mètres, on a rencontré une alternance de schistes et de grès, les schistes dominant à la partie supérieure et devenant moins abondants à la partie inférieure. Au-dessous de 480 mètres, les schistes deviennent rares, les grès se chargent peu à peu d'éléments grossiers, deviennent très durs et se transforment parfois en de véritables arkoses.

MM. Schneider avaient admis que ces arkoses se poursuivaient jusqu'à la profondeur de 1,116 mètres et que c'était alors seulement qu'on avait rencontré la granulite. Sans doute il est difficile, dans un sondage, de savoir où passe la limite entre de la granulite et des arkoses constitués précisément par des débris de cette roche; cependant l'examen des poussières recueillies nous a amené à penser que la granulite avait pu être rencontrée à la profondeur d'environ 900 mètres. A partir de 900 mètres, les débris présentent, en effet, jusqu'à 1,179 mètres, une même teinte uniforme; ils ne renferment plus aucune trace de particules schisteuses. C'est cette hypothèse que nous avons admise dans la coupe ci-contre.

Quoi qu'il en soit, le sondage de Charmoy a établi un fait de la plus haute importance. Il a démontré que le terrain houiller n'occupait pas tout le fond de la cuvette permienne, ainsi qu'on l'admettait jusqu'alors. Pareille constatation est d'ailleurs, cela va sans dire, essentiellement fâcheuse au point de vue de l'avenir de l'industrie houillère dans le département de Saône-et-Loire.

Épaisseur de l'Autunien à Charmoy. — Si on admet qu'il n'existe aucun accident entre le puits Manigler et le sondage de Charmoy, on est amené à

[1] Quelques réserves seraient peut-être à faire au sujet de la valeur de cette constatation, mais la question ne présente plus grande importance, vu l'insuccès des recherches, et nous croyons inutile d'insister davantage.

COUPE VERTICALE PASSANT PAR LE SONDAGE DE CHARMOY ET LES PUITS MANIGLER

Echelle 1/4000

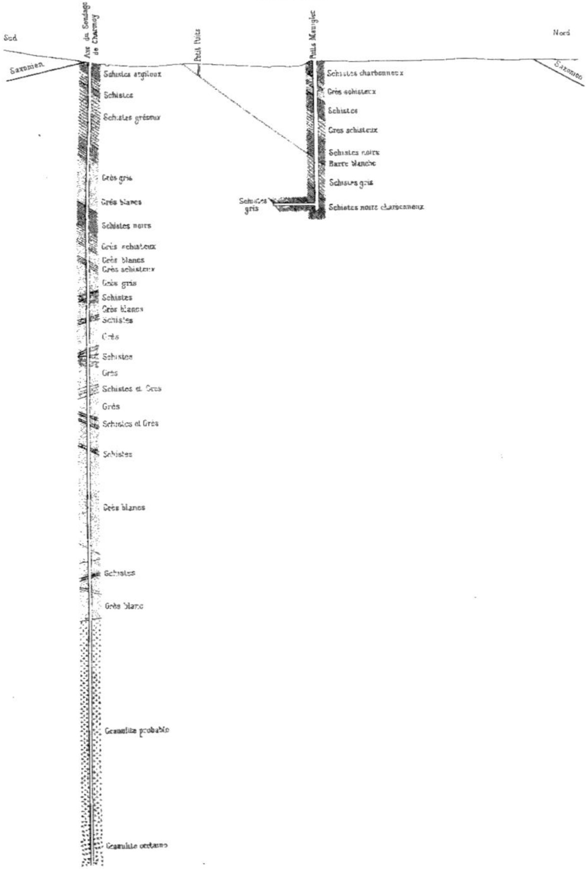

Sud — Saxonien — Axe du Sondage de Charmoy — Petit Puits — Puits Manigler — Nord — Saxonien

Sondage de Charmoy :
- Schistes argileux
- Schistes
- Schistes gréseux
- Grès gris
- Grès blancs
- Schistes noirs
- Grès schisteux
- Grès blancs
- Grès schisteux
- Grès gris
- Schistes
- Grès blancs
- Schistes
- Grès
- Schistes
- Grès
- Schistes et Grès
- Grès
- Schistes et Grès
- Schistes
- Grès blancs
- Schistes
- Grès blanc
- Granulite probable
- Granulite certaine

Puits Manigler :
- Schistes charbonneux
- Grès schisteux
- Schistes
- Grès schisteux
- Schistes noirs
- Barre blanche
- Schistes gris
- Schistes gris
- Schistes noirs charbonneux

L. Courtier, 48, rue de Dunkerque, Paris

attribuer à la partie supérieure, principalement schisteuse, qui a une inclinaison de 35 à 4o degrés, une épaisseur d'environ 6oo à 7oo mètres. La formation de grès aurait, de son côté, de 3oo à 4oo mètres. Épaisseur totale, environ 1,ooo mètres.

Mais il convient de remarquer que le puits Manigler ne paraît pas placé sur les assises les plus élevées de l'Autunien de Charmoy, attendu qu'au Nord de cet ouvrage on trouve encore, sur plusieurs centaines de mètres avant d'arriver au grès rouge, des affleurements de schistes plongeant dans le même sens.

D'autre part, des érosions plus ou moins importantes ont, comme nous l'exposerons plus loin, fait disparaître une partie de l'Autunien avant le dépôt du Grès rouge.

Le chiffre de 1,ooo mètres doit donc probablement être considéré comme un maximum.

Dans notre étude sur le bassin d'Autun, nous avons évalué à 1,2oo mètres l'épaisseur de l'Autunien.

Dans l'Autunois comme à Charmoy, la formation est principalement constituée, dans sa partie inférieure, par des grès et des poudingues, et dans sa partie supérieure, par des schistes. Mais tandis qu'à Autun l'on rencontre des schistes bitumineux, du boghead et de la houille, à Charmoy l'ensemble de l'étage s'est montré absolument stérile.

En bas de la montée qui aboutit au hameau de Courmancou et sur la rive gauche du ruisseau qui descend du hameau de Boivin, on observe un petit lambeau de schistes identiques comme aspect à ceux de Charmoy et renfermant comme eux de nombreuses empreintes de diverses variétés de *Walchia*. Des déblais indiquent qu'un petit puits de recherches a été foncé jadis en cet endroit.

Au hameau de l'Échenault existe un lambeau assez important de schistes autuniens, mais l'absence de routes en rend l'étude assez difficile. L'Autunien paraît, en cet endroit, buter contre le Grès rouge supérieur; il ne serait même pas impossible qu'il formât un petit promontoire au milieu de ces terrains.

Sur le chemin qui va du hameau de la Faye au hameau du Grenouillat, on rencontre des schistes identiques à ceux de Charmoy. On y a ouvert diverses petites excavations. Des puits de recherches, peu profonds d'ailleurs, avaient été effectués jadis.

Près de l'étang de Martenet existe un lambeau important de schistes micacés fissiles, en minces assises, de couleur brun jaunâtre et renfermant de

Gîte
de Courmancou.

Gîtes
de l'Échenault
et du Grenouillat

Gîte de l'étang
de Martenet.

nombreuses empreintes de *Walchia*. On retrouve absolument là l'aspect des schistes de Charmoy. Ces schistes s'observent bien près de la digue de l'étang, sur le chemin qui va du moulin à la ferme de Changy et sur celui qui va du moulin au hameau de l'Étang.

A côté du hameau de « Le Puits » et d'un étang voisin du hameau, affleurent des schistes autuniens renfermant de nombreuses empreintes de *Walchia*. Au Sud du hameau, de l'autre côté du ruisseau, un puits de recherches, foncé autrefois à une profondeur de 40 mètres, est resté constamment dans une formation schisteuse.

A Vandenesse, on observe, sur les pentes des coteaux qui bordent la rive droite de l'Arroux, une puissante formation de schistes noirs, fissiles, renfermant par places de nombreuses empreintes de *Walchia*. Ils présentent une forte inclinaison du côté de l'Est et paraissent être très disloqués. Diverses petites carrières et les tranchées du chemin de fer de Digoin à Étang permettent de les observer aisément.

Vers 1856, on a effectué, sur la rive gauche de l'Arroux, au Nord du hameau d'Atrecy, des recherches de houille. Un puits fut foncé jusqu'à la profondeur de 145 mètres; l'affluence des eaux ayant empêché la continuation du fonçage, on exécuta, au fond du puits, un sondage de 50 mètres. On ne rencontra, sur toute cette hauteur, que des alternances de schistes et de grès à grains généralement fins.

Sur les 64 premiers mètres, seule partie dont nous ayons pu avoir la coupe, on observe la succession suivante :

Schistes noirs avec empreinte végétale et petits nerfs de grès calcaire blanc	26,10
Schistes et grès noirâtres à grain assez grossier	7,30
Schistes noirs avec petits bancs de grès	5,60
Schistes avec nodules calcaires	12,00
Schistes noirs alternant avec de petites barres de grès de 0,30 à 0,50	11,80
Schistes noirs	1,20

L'inclinaison des bancs était peu forte (de 15 à 25°).

Âge des gisements. — Les gisements de Bert ont été pendant longtemps considérés comme appartenant à la formation houillère. C'est M. Grand'Eury qui, le premier, en 1877, dans sa *Flore carbonifère du département de la*

Loire et du centre de la France, a signalé la présence de diverses variétés de *Callipteris* et rapporté cette formation au Permien.

Lors de l'approfondissement du puits des Mandins, on avait rencontré, à la profondeur d'environ 5oo mètres, de nombreuses empreintes de plantes qui étaient houillères; il n'y avait aucune espèce permienne caractéristique, d'après les déterminations faites par M. Zeiller et M. Grand'Eury.

Nous avions donc été, dans la feuille de Charolles, amené à classer seulement dans l'Autunien la partie supérieure de la formation, celle renfermant les gîtes de houille dits « du Plateau », et à laisser dans le Houiller le reste de la formation.

Toutefois nous avons dû modifier cette manière de voir à la suite d'une exploration sur place opérée avec M. Zeiller. Non seulement, en effet, nous avons rencontré des *Callipteris* très abondants sur divers points du Plateau (Fraichers, Saint-Louis, Sainte-Barbe), et assez fréquents encore au puits des Mandins, mais nous en avons encore observé en assez grande abondance, près de la base de la formation. Sous l'église de Bert existe une couche de houille de o m. 5o environ, qui a été jadis l'objet de quelques tentatives d'exploration, d'ailleurs peu fructueuses. Cette couche est surmontée d'une puissante formation de schistes pouvant atteindre 6o ou 8o mètres d'épaisseur; ces schistes renferment des empreintes de *Callipteris.* A peu de distance du village de Bert, sur la route qui va de Bert au Terrier, une petite carrière nous a fourni également de nombreuses empreintes de *Callipteris* recueillies dans une assise de schistes surmontant des bancs de grès.

Au-dessous de la formation des schistes de l'église, on ne rencontre, jusqu'à la lisière granitique, d'ailleurs assez rapprochée du village, que des conglomérats et poudingues, qui forment la base de la formation et qui naturellement ne renferment aucune empreinte de plantes.

En présence de ces constatations, nous avons été conduits à classer dans l'Autunien l'ensemble de la formation du bassin de Bert[1].

Constitution des terrains. — Les deux coupes, pl. XII, font connaître, en majeure partie, la constitution des terrains de Bert. Au puits du Plateau,

---

[1] A la base même de la formation, on a signalé, aux endroits dénommés «les Bois» et «les Chevrots», des gîtes de charbon qui ont jadis motivé quelques fouilles sans importance. Nous n'y avons trouvé aucune empreinte; d'autre part, aux Chevrots, les grès très feldspathiques rappellent ceux du Culm. Nous croyons donc prudent de ne formuler aucune opinion sur la nature de ces gisements.

on observe : 1° une formation d'environ 30 mètres de grès et de grès schisteux; 2° des schistes noirâtres ayant environ 35 mètres de puissance; 3° une couche de houille dite « couche du toit »; 4° enfin, au mur de la couche, des schistes recoupés sur 4 mètres de hauteur. Au-dessous de la couche du toit, existe le véritable gisement de houille dont la coupe la plus habituelle aurait été, parait-il, la suivante [1] :

Veine du toit	1ᵐ à 1ᵐ 20
Barre de grès	0ᵐ 50
Veine intermédiaire	3 00
Barre de grès	0 50
Veine du mur	0 80

Ces indications doivent être tenues d'ailleurs comme approximatives; les couches supérieures, dites « du Plateau », n'étant plus exploitées depuis 24 ans et les renseignements qui les concernent offrant peu de garanties d'exactitude.

Au puits des Mandins, on a rencontré à 65 mètres une couche dite « n° 2 » et un faisceau à 163 mètres. Ce faisceau comprend deux veines exploitables dites « couches 3 et 4 », peu distantes l'une de l'autre. La couche n° 3 aurait une puissance d'environ 1 mètre et la couche n° 4 de 0 m. 70 à 0 m. 80. L'intervalle est en moyenne d'environ 5 mètres. La première couche des Mandins, dite « couche n° 2 », est surmontée par une formation presque exclusivement schisteuse; entre cette couche et la couche inférieure, on observe une alternance de grès, de conglomérats et de schistes; au-dessous de cette dernière couche, jusqu'au fond du puits, soit jusqu'à 608 mètres, on a rencontré une formation essentiellement constituée par des grès. Un sondage de 142 mètres, pratiqué au fond du puits, a rencontré encore exclusivement des grès.

Entre les niveaux de l'orifice du puits des Mandins et le mur des couches du Plateau, il y a une série d'assises dont nous n'avons pas la coupe, mais il est probable qu'elle est principalement schisteuse.

Si nous résumons ces diverses observations, nous arrivons à penser que l'Autunien de Bert doit approximativement présenter la constitution suivante :

En haut. — Formation principalement schisteuse, avec couches de houille intercalées à trois niveaux différents. Épaisseur probable, 300 à 400 mètres.

___

[1] Il n'a été conservé aucune autre coupe que celle, incomplète d'ailleurs, du puits du Plateau.

Au milieu. — Puissante formation de grès et de poudingues pouvant avoir vraisemblablement 600 ou 800 mètres de puissance.

En bas. — Formation schisteuse de 60 ou 80 mètres, avec petite veine de houille reposant sur des conglomérats de base de la formation. Épaisseur, environ 200 mètres.

Travaux d'exploitation. — Accidents. — Deux concessions ont été instituées dans le bassin de Bert :

Concession des mines de Bert, instituée le 9 juin 1832. — Superficie : 1,055 hectares.

Concession des mines de Montcombroux, instituée le 31 décembre 1834. — Superficie : 657 hectares.

A Montcombroux, il n'a été opéré que des fouilles peu importantes, et l'existence de gisements exploitables n'a été nullement établie.

A Bert, au contraire, la mine est depuis longtemps en activité. Les travaux ont tout d'abord porté sur les couches supérieures dites « du Plateau »; puis, après l'épuisement de celles-ci, on a attaqué les couches inférieures.

La première couche, rencontrée au puits des Mandins, à la profondeur de 65 mètres, n'a donné lieu qu'à des explorations très restreintes, soit au puits des Mandins, soit à celui de Boisgirard, mais les couches rencontrées à 165 mètres ont été l'objet de travaux étendus et alimentent encore aujourd'hui la production. La couche supérieure peut être considérée comme ayant présenté en moyenne 1 mètre de puissance utile, et la couche inférieure 0 m. 80.

Le plan de la pl. XII représente les travaux des couches du Plateau, dites « couche n° 1 », de la couche n° 2 et de la couche n° 4. Les coupes 1 et 2 complètent le plan et figurent toutes les couches.

Ces plans et coupes sont assez clairs pour que nous puissions nous dispenser de développements étendus; ils montrent que l'allure des gisements est en somme régulière; la plongée des assises est assez faible, de 10 à 15 degrés; les failles y sont relativement peu nombreuses et ne paraissent pas entraîner des rejets bien importants. Malheureusement, du côté de l'Ouest, on est venu buter contre un accident, et du côté de l'Est les gîtes s'amincissent; de nouvelles découvertes seraient nécessaires pour assurer la production de la houillère.

C'est donc avec raison que les concessionnaires ont récemment entrepris des

IMPRIMERIE NATIONALE.

recherches par puits, à la limite séparative des concessions de Bert et de Mont-combroux.

La production des mines de Bert, en 1900, a été d'environ 55,000 tonnes.

Le charbon renferme, cendres déduites, environ 45 p. 100 de matières volatiles. La teneur en cendres est malheureusement parfois assez élevée.

Ces mines de Bert présentent un intérêt assez spécial; elles sont, en effet, les seules mines de houille qui soient en activité en France, dans le terrain autunien.

Différences entre l'Autunien du bassin d'Autun et celui du bassin de Blanzy et du Creusot.

Nous ne croyons pas devoir, avant de quitter l'Autunien, omettre de signaler les différences que présente cette formation suivant qu'on l'observe dans le bassin d'Autun ou dans celui de Blanzy et du Creusot.

A Autun, on trouve de nombreuses couches de schistes bitumineux, tandis qu'il n'y en a pas dans le bassin de Blanzy et du Creusot. Les schistes bitumineux qu'on y a signalés appartiennent au Saxonien inférieur.

A Autun, la flore ne prend que très lentement le caractère nettement permien: il faut arriver, en effet, sinon jusqu'au niveau de Millery, tout au moins jusqu'à celui de Muse, situé vers le milieu de la formation, pour trouver en abondance les *Walchia* et les *Callipteris*; à Bert, au contraire, on observe des *Callipteris* à la base même de la formation.

A Autun, les poissons fossiles sont particulièrement abondants; on n'en a pas signalé dans l'Autunien du bassin de Blanzy et du Creusot. C'est, au contraire, comme nous le verrons plus loin, dans le Houiller supérieur, et notamment à Grandchamp, qu'on en trouve des restes assez nombreux. On en a rencontré également, mais peu abondamment, dans le Saxonien inférieur (fonçage du puits de Romagne, ancienne carrière des Georgets près du Magny, etc.).

Il semblerait donc que les dépôts du bassin d'Autun et ceux de celui de Blanzy et du Creusot se soient effectués dans des conditions différentes. Les divergences dans la flore conduiraient à penser que la zone inférieure de l'Autunien n'existerait pas dans le bassin de Blanzy et du Creusot, et que la zone supérieure serait seule représentée.

Nous reviendrons ultérieurement sur cette question dans le paragraphe suivant, et chercherons à donner l'explication des divergences que nous venons de signaler.

§ 3. DISCORDANCE DE STRATIFICATION ENTRE L'AUTUNIEN
ET LE SAXONIEN.

Lorsqu'on observe la limite du contact de l'Autunien et du Saxonien, on re-marque généralement qu'on passe brusquement du schiste fin à des poudingues ou à des conglomérats. Le fait est bien apparent à Charmoy, près des sondages effectués par MM. Schneider, ainsi qu'à Courmarcou et à Martinet.

Région de Charmoy.

Si on examine la surface de contact de plus près, on observe en outre que cette surface n'est pas parallèle à la stratification des bancs de schistes. Ce fait a été bien mis en évidence par un puits, dit *du Bois-Litteau,* foncé en 1869, près de Charmoy, jusqu'à la profondeur de 25 mètres. Ce travail avait pour objet de voir si, contrairement à la théorie de Fournet, et conformément, au contraire, à celle émise par Manès, le Saxonien n'était pas superposé à l'Autu-nien. Le puits était foncé à 80 mètres environ de distance de la ligne de contact des deux terrains. Il rencontra effectivement l'Autunien au-dessous du Saxonien, à la profondeur de 21 m. 50; la ligne de contact des deux terrains avait une faible inclinaison, 13 degrés seulement, vers le Sud-Ouest, tandis que les schistes avaient une assez forte plongée vers le Nord-Est (40 degrés). Le croquis ci-dessous fait ressortir cette disposition.

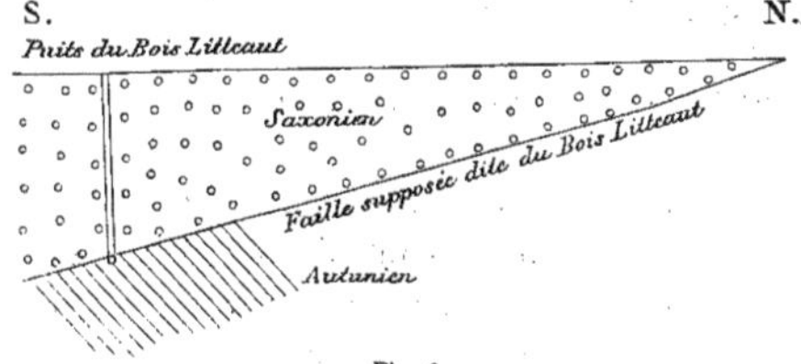

Fig. 6.

On avait admis, à la suite de ces constatations, que le contact entre l'Autu-nien et le Saxonien avait lieu par une faille très peu inclinée, qu'on appelait faille de Bois-Litteau.

On invoquait, à l'appui de l'existence de cet accident, la présence, au con-tact des deux terrains, d'une zone brouillée rappelant le remplissage habituel des failles. On remarquait, en outre, que les Grés rouges, dans leur traversée par le puits, étaient disloqués.

Toutefois cette hypothèse présente quelques objections. La faille supposée devrait avoir une grande amplitude ; elle devrait amener, en effet, le Saxonien de la lisière Nord du lambeau de Charmoy jusqu'à la lisière Sud, et elle aurait alors la disposition figurée par le croquis ci-dessous.

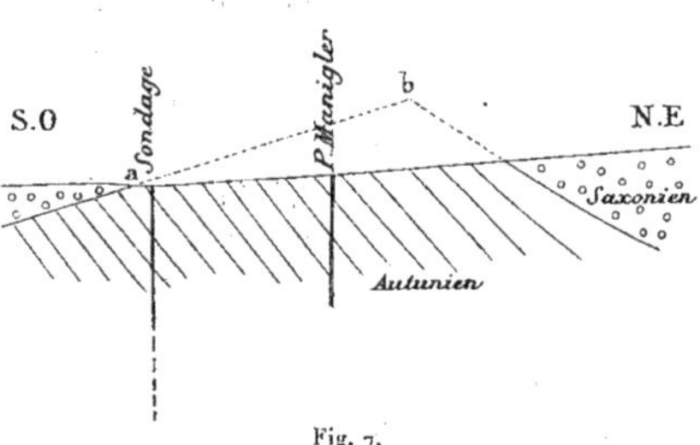

Fig. 7.

L'amplitude *ab* du rejet dépasserait 400 mètres.

Il est peu habituel de voir des failles d'aussi grande amplitude présenter une aussi faible inclinaison.

Nous avons donc été amené à nous demander si une autre hypothèse ne serait pas plus rationnelle, si notamment il n'était pas plus simple d'admettre que le Saxonien se serait déposé après que l'Autunien avait été déjà plissé et plus ou moins raviné.

Cette dernière hypothèse nous a paru être justifiée par les faits observés aux mines de Bert.

Région de Bert.

Un sondage, exécuté jadis près du hameau de Griziards, à 300 mètres environ de la limite séparative de l'Autunien et du Saxonien, a atteint la profondeur de 500 mètres sans sortir de cette dernière formation. Le croquis ci-contre fait connaître la disposition des lieux.

Le sondage des Griziards n'ayant rencontré ni la couche de houille qui a été exploitée sur le plateau de la mine, ni les schistes qui l'accompagnent, on est conduit à formuler l'une ou l'autre des deux hypothèses suivantes :

Hypothèses à examiner.

Première hypothèse. — Le Saxonien buterait contre l'Autunien et contre le schiste ancien par des failles qui auraient rejeté ainsi en profondeur une bande de Saxonien d'environ un kilomètre de largeur ; le rejet serait d'au moins 500 mètres et probablement même bien supérieur, puisqu'il devrait y avoir encore en profondeur le Saxonien inférieur et les assises Autuniennes les plus élevées.

C'est cette hypothèse qui a été généralement admise jusqu'à ce jour.

Elle donne cependant lieu à de sérieuses critiques.

On ne comprend pas, dans cette hypothèse, pourquoi le Saxonien existerait ainsi exclusivement cantonné dans la fosse comprise entre les deux accidents. Il devait s'élever autrefois à de grandes hauteurs au-dessus des points où on l'observe aujourd'hui, recouvrir aussi une étendue assez considérable, et il y a lieu d'être surpris de n'en rencontrer aucun lambeau sur le pourtour de la fosse précitée.

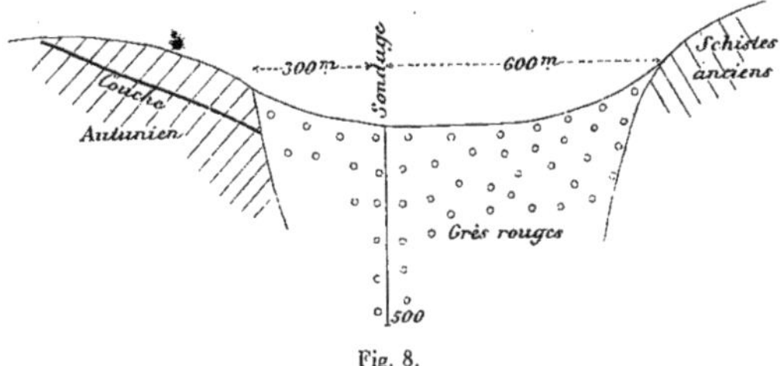

Fig. 8.

Deuxième hypothèse. — Après le dépôt de l'Autunien de Bert, les cours d'eau auraient creusé une vallée profonde suivant la ligne de contact de l'Autunien et des schistes anciens. Cette vallée aurait été ensuite comblée par les dépôts du Saxonien.

Elle aurait probablement, en outre, été ultérieurement, et notamment avant le dépôt du Trias (époque des plissements hercyniens), soumise à des phénomènes de compression latérale qui auraient réduit sa largeur et redressé la ligne de contact du Saxonien et de l'Autunien.

On comprend, avec cette hypothèse, pourquoi le Saxonien est ainsi localisé dans un étroit espace.

J'ajouterai que la présence de poudingues à très gros éléments de schistes anciens, que renferme le Saxonien aux environs de Sorbier, s'accorde bien avec l'hypothèse d'alluvions empruntées en partie aux parois d'une vallée escarpée.

Nous ajouterons que, dans notre étude sur le bassin d'Autun, nous avons été également amené à admettre une discordance entre l'Autunien et le Grès rouge.

Ce sont ces considérations qui nous ont amené à considérer comme plus satisfaisante que celle de failles postérieures au dépôt du Saxonien, l'hypothèse du creusement de vallées après le dépôt de l'Autunien et de leur remplissage ultérieur par les dépôts Saxoniens.

Disons encore que cette hypothèse de dépôt du Saxonien sur des assises ou contre des assises d'Autunien soulevé et plissé explique assez bien comment, dans la région située entre Charmoy, Curdin et Saint-Romain-sous-Versigny, on observe assez fréquemment l'Autunien en contact immédiat avec le Saxonien supérieur, sans intercalation des assises du Saxonien inférieur. Il suffit, pour que pareil résultat se produise, que l'Autunien ait formé, comme à Bert, le bord de la cuvette dans laquelle le Saxonien s'est déposé et que les mouvements orogéniques ultérieurs aient été insuffisants pour amener à la surface les dépôts inférieurs de la formation saxonienne.

CHAPITRE IV.

§ 1er. CONSIDÉRATIONS GÉNÉRALES.

Le terrain houiller du bassin de Blanzy et du Creusot appartient à l'étage du Houiller supérieur, c'est-à-dire au Stéphanien. Quelques assises, notamment celle de Grandchamp, paraissent même, comme nous le dirons plus loin, correspondre à une zone particulièrement élevée dans le Stéphanien.

Nulle part on n'observe à la surface la série complète des bancs, dont beaucoup sont restés en profondeur, les mouvements orogéniques ayant été impuissants à les amener au jour. C'est donc essentiellement aux travaux souterrains qu'il faut avoir recours pour connaître la constitution du terrain houiller.

Ce dernier forme, nous l'avons déjà mentionné, deux bandes grossièrement parallèles, occupant l'une la lisière Nord-Ouest du bassin, l'autre la lisière Sud-Est.

La première est discontinue et n'est représentée que par des lambeaux d'étendue généralement très restreinte.

La seconde est, au contraire, continue et s'étend d'une façon presque rectiligne sur une longueur d'au moins 55 kilomètres entre les terrains anciens et le Saxonien.

Les limites du Houiller sont assez apparentes au Nord de Saint-Julien-sur-Dheune, mais, au Sud de cette localité, elles sont parfois assez indécises. Ainsi on ne voit nulle part le contact du Houiller et des terrains anciens, masqué soit par du Pliocène, soit par des Éboulis; c'est donc d'une façon un peu approximative que nous avons tracé cette limite sur la carte d'ensemble du bassin.

De même la limite du Houiller et du Saxonien est assez aisée à repérer depuis le hameau de Blanzy jusqu'à Saint-Bérain-sur-Dheune, mais au Sud de Blanzy nous avons dû tracer une ligne assez hypothétique. Il est regrettable que des fouilles superficielles n'aient pas été entreprises dans le passé, en vue de fixer la position d'une limite qui offre un si grand intérêt pour les exploitants.

Cette bande houillère du Sud-Est présente des largeurs très variables. Elle atteint environ 1,100 mètres à Saint-Bérain, diminue ensuite pour descendre à 300 mètres au hameau de la Dheune; puis elle augmente, elle est de 900 mètres aux Fauches, de 1,400 mètres à Montchanin, de 1,300 mètres à Blanzy; à Montceau, elle est de 1,800 à 1,900 mètres et atteint son maximum dans la région de Montmaillot à Perrecy, où elle atteint et dépasse même 2 kilomètres.

Nous ne pouvons, dès à présent, indiquer les particularités que présente le terrain houiller des deux bordures. Ces particularités ne nous seront révélées que par l'étude détaillée de chaque gisement. C'est donc cette étude que nous allons maintenant aborder, en nous réservant de présenter plus tard les considérations d'ensemble qui pourront s'en dégager.

Comme c'est l'ensemble des concessions appartenant à la Compagnie de Blanzy, aux environs de Montceau, qui nous fournira le plus de documents pour la connaissance des terrains houillers de la bordure du Sud-Est, c'est par elle que nous commencerons.

§ 2. LISIÈRE DU SUD-EST.

A. Mines de la Compagnie de Blanzy.

Concession de Ragny, instituée le 27 juillet 1832 (superficie : 645 hectares).

Concession des Perrins, instituée le 11 juillet 1833 (superficie : 459 hectares).

Concession des Crépins, instituée le 11 juillet 1833 (superficie : 565 hectares).

Concession de Blanzy, instituée les 12 février 1832 et 12 octobre 1841 (superficie : 4,253 hectares).

Concession des Badeaux, instituée le 22 avril 1833 (superficie : 591 hectares).

Concession de la Theurée-Maillot, instituée le 22 avril 1833 (superficie : 697 hectares).

Concession des Porrots, instituée le 22 avril 1833 (superficie : 1,651 hectares).

Les planches n°s VI, VII et VIII font connaître l'allure des gisements dans l'ensemble des concessions précitées, et la planche n° IX donne les coupes des principaux puits.

Toutefois, à l'effet de ne pas surcharger outre mesure les plans, nous avons figuré presque exclusivement les travaux se rapportant à la couche dite

« couche n° 2 », qui paraît être celle présentant le moins d'irrégularité et a motivé les travaux les plus étendus. Dans la région de Blanzy et dans celle de Montmaillot, où les travaux poursuivis dans la couche n° 1 sont, au contraire, plus développés que ceux de la couche n° 2, nous avons également figuré ceux de cette couche n° 1.

La largeur du Houiller dans les concessions de la Compagnie de Blanzy étant assez grande, nous n'avons pu, faute de place, indiquer la limite des terrains anciens. Cette lacune sera d'ailleurs facile à combler pour le lecteur en se reportant à la carte d'ensemble du bassin de Blanzy et du Creusot.

La formation houillère est extrêmement irrégulière, aussi nous avons cru utile de figurer, planche IX, les coupes de tous les ouvrages importants (puits ou sondages), de façon à permettre de mieux apprécier, en chaque point, la nature des assises et la variation que subissent ces dernières.

La partie supérieure de la formation a été recoupée par le puits Jules-Chagot; la partie médiane par les divers puits de Montceau, de Lucy, du Magny et de Montmaillot, et la partie inférieure a été explorée par le puits des Crépins, le puits Saint-Claude, le puits Sainte-Hélène et un sondage pratiqué à l'intérieur des travaux de Saint-François.

Constitution
de la formation.
Diverses zones.

Les coupes de ces ouvrages conduisent aux conclusions suivantes :

La partie médiane de la formation s'est seule montrée riche en combustibles; cette zone riche s'étend de la couche n° 1 à la couche n° 4; elle présente une puissance qui varie, mais reste comprise entre 220 et 350 mètres.

Zone médiane
entre les couches
n° 1 et n° 4.

Dans cette zone, la partie la plus riche comprend la couche n° 2 et la couche n° 3; elle a une puissance comprise entre 60 et 70 mètres. Entre les couches 2 et 3 existent, comme le montrent les coupes des puits Saint-François, Sainte-Eugénie, Saint-Pierre et Sainte-Hélène, une série de veines qui ont été généralement laissées de côté, mais qui pourront, sans doute, être ultérieurement mises à profit. Il convient de remarquer qu'au puits Saint-Pierre, la couche n° 3 est peu distante de la couche n° 2, et qu'entre les deux il y a une couche qui a une épaisseur de 4 à 5 mètres et a été exploitée sous le nom de première sous-couche; la couche n° 3 était désignée elle-même sous le nom de deuxième sous-couche. En réalité, la couche n° 2 et les deux sous-couches précitées pourraient être considérées comme constituant un seul gîte, d'épaisseur d'environ 50 mètres, que des barres diviseraient en plusieurs bancs. Il n'y aura donc pas lieu d'être surpris de nous voir assimiler à cet ensemble des couches 2 et 3 de Montceau l'amas Quétel de Montchanin.

Entre le faisceau des couches 2 et 3 et la couche n° 1 d'une part, et la couche n° 4 d'autre part, il n'a été rencontré jusqu'ici que des veinules sans importance.

Cette zone, comprise entre le toit de la couche n° 1 et le mur de la couche n° 4, est, dans certaines parties, d'une très grande richesse; au puits Saint-François, par exemple, où son épaisseur totale est d'environ 220 mètres, l'épaisseur globale de la houille est d'à peu près 60 mètres, soit 27 p. 100 de la formation.

Zone supérieure à la couche n° 1. — La zone située au-dessus de la couche n° 1 a été recoupée par les puits Sainte-Eugénie, Sainte-Élisabeth, Sainte-Barbe, Saint-Amédée et Jules-Chagot.

Les puits Sainte-Eugénie, Sainte-Élisabeth et Saint-Amédée ont tous trois traversé, sur environ 200 mètres, la partie inférieure de cette zone; le puits Sainte-Barbe l'a recoupée sur plus de 250 mètres.

Les puits Sainte-Eugénie, Sainte-Élisabeth et Sainte-Barbe ont rencontré une formation constituée par une alternance de grès et de schistes; ces derniers sont assez développés. Dans une zone de 150 ou 200 mètres au-dessus de la couche n° 1, on rencontre un ensemble de petites couches, bien marquées à Sainte-Élisabeth et à Sainte-Eugénie, et accusées également à Sainte-Barbe. Il y a, à Sainte-Élisabeth et à Sainte-Eugénie, trois couches réparties sur une hauteur de 30 à 40 mètres; à Sainte-Barbe, la coupe est assez peu nette, par suite de brouillages qui seraient occasionnés par une faille, mais la coupe passant par le puits Saint-Amédée montre qu'à 200 mètres au-dessus de la couche n° 1 commence un faisceau de 3 couches, autrefois exploitées par le Grand Puits. Ces couches peuvent fort bien représenter les trois couches rencontrées à Sainte-Eugénie et à Sainte-Élisabeth.

Le puits Jules-Chagot n'a pas recoupé la couche n° 1, il est donc difficile de repérer les couches qu'il a rencontrées. Si on remarque que les exploitants ont figuré une faille descendante, traversant le puits; si on observe, d'autre part, que la formation rencontrée paraît renfermer moins de schistes qu'à Sainte-Eugénie, Sainte-Élisabeth et Sainte-Barbe, on sera conduit à être circonspect sur leur assimilation. Ce n'est donc qu'avec réserve qu'on peut rattacher au faisceau des couches Sainte-Élisabeth, Sainte-Eugénie, le faisceau des sept veines ou veinules rencontrées dans la partie inférieure du puits Jules-Chagot.

La coupe de ce dernier puits montre, en outre, la présence, à peu de distance de la surface, d'une veine de 3 mètres d'épaisseur. Les assises rencontrées sur les 200 mètres de la partie supérieure du puits n'ont été traversées par aucun autre ouvrage, et il convient d'ajouter qu'il doit exister encore d'autres assises, supérieures à ces dernières, que rencontrerait un puits placé plus près de la limite séparative du Houiller et du Permien. Il est toutefois à présumer que cette zone très supérieure est peu riche en combustibles, aucun affleurement charbonneux n'ayant été signalé.

Il est même difficile de dire, en l'absence de tous documents, si cette zone appartient encore au Houiller ou si elle marque déjà le commencement de l'Autunien.

Quoi qu'il en soit, si on remarque que le puits Jules-Chagot ne recouperait vraisemblablement la couche n° 1 que vers 500 mètres environ de profondeur, que l'ensemble de la formation plonge, comme le montre la coupe n° 5 de la planche VII, du côté de la faille du Barrat, on est amené à penser qu'un puits placé au Sud-Ouest du puits Jules-Chagot, près du prolongement de la faille de Barrat, ne rencontrerait guère la couche n° 1 avant 800 mètres de profondeur.

Il y aurait donc, au-dessus de la couche n° 1, une épaisseur d'au moins 600 à 800 mètres de Houiller, d'ailleurs peu riche en combustibles.

La zone inférieure à la couche n° 4 a été explorée principalement par les ouvrages suivants : puits des Crépins, puits Saint-Claude, puits Sainte-Hélène, sondage du quartier Saint-François, puits du Magny. C'est le sondage Saint-François qui est descendu le plus profondément dans la formation (environ 432 mètres); puis viennent le puits Saint-Claude, le puits des Crépins et le puits Sainte-Hélène (200 mètres environ) et enfin le puits du Magny n° 2 (150 mètres).

Zone inférieure
à la couche n° 4

Le sondage Saint-François (voir pl. IX) a rencontré successivement une veine de houille de 1 m. 70 à la profondeur de 75 mètres au-dessous de la couche n° 4, une veine de houille de 2 m. 30 à la profondeur de 152 mètres, enfin une couche de charbon barré de 2 m. 20 à la profondeur de 185 mètres. Au-dessous, sur une hauteur de 247 mètres, on aurait, d'après le carnet de sondage, recoupé une succession de grès et de schistes avec prédominance des schistes; on n'y a pas signalé de poudingues.

A Saint-Claude et aux Crépins, la position de la couche n° 4 ne saurait être indiquée avec certitude; ce n'est donc qu'avec doute que nous avons admis que ces forages avaient pénétré d'environ 200 mètres dans le mur de la couche. A Saint-Claude, on a recoupé une épaisse formation de conglomérats (80 m.), puis on est tombé sur une série de grès schisteux renfermant une petite veinule d'anthracite. Aux Crépins, on a eu également quelques bancs de poudingues à la partie inférieure.

A Sainte-Hélène, on a traversé une série de veinules charbonneuses au nombre de sept, réparties sur un intervalle d'environ 140 mètres au-dessous de la couche n° 4. La plus épaisse de ces veinules n'avait que 0 m. 60. La coupe du puits montre la présence de nombreux bancs de poudingues.

Les puits de Magny n° 1 et n° 2 donnent, bien qu'ils soient tout près l'un de l'autre, des résultats assez différents, circonstance qui témoigne bien de la très grande irrégularité que présente la formation, et montre combien sont difficiles les assimilations de couches dans un semblable bassin.

Le puits n° 1 a recoupé trois couches présentant respectivement les épaisseurs suivantes : 3 m. 80, 3 m. 70 et 13 mètres. Mais, lorsqu'on a cherché à explorer cette dernière couche, dont la puissance avait suscité de vives espérances, on s'est heurté de tous côtés à des accidents ou à des serrements, de telle sorte que la nature de ce gisement est demeurée, jusqu'à ce jour, fort énigmatique.

Au puits n° 2, on a rencontré successivement une veine de 1 m. 40, une veine de 1 m. 80 de charbon barré, une veine de 2 m. 30 paraissant peu régulière, deux petites veinules de 0 m. 30, enfin une couche de 4 mètres qui a été explorée en direction du côté de Lucy, et paraît se présenter dans des conditions satisfaisantes.

Il est à remarquer que le sondage Saint-François et les puits du Magny ont rencontré des gîtes notablement plus épais que ceux recoupés au puits Sainte-Hélène. C'est d'ailleurs, comme nous le dirons plus loin, la règle habituelle dans le bassin que les couches augmentent d'épaisseur à mesure qu'on s'éloigne de la bordure granitique.

Il est à remarquer, en outre, qu'au Nord-Est (Saint-Claude et Crépins), on ne trouve aucune trace des couches que nous venons de mentionner. Disons enfin que nulle part on n'est arrivé, dans les fonçages, aux terrains anciens, de telle sorte qu'il est impossible de dire quelle est l'épaisseur de la partie inférieure du Houiller.

Les coupes des divers ouvrages de Blanzy montrent que la constitution des terrains et la puissance des gîtes subissent de très grandes variations.

Si on examine les coupes des puits les plus rapprochés de la bordure des terrains anciens (Saint-Louis, Sainte-Marguerite, Sainte-Hélène, Saint-Amédée), on remarquera que les gîtes de houille y sont généralement peu épais, tandis que les mêmes couches présentent des épaisseurs beaucoup plus grandes aux puits situés plus loin de la bordure (Saint-François, Sainte-Eugénie, Saint-Pierre, etc.). Les grès ont même, près de la lisière, une tendance à se transformer en poudingues ou en conglomérats (Sainte-Marguerite, Saint-Louis).

L'examen des plans des travaux montre d'ailleurs que partout l'exploitation s'est arrêtée, par suite de l'amincissement progressif des gisements, à une certaine distance de la bordure, quelles que soient d'ailleurs les couches exploitées. Il reste, en moyenne, le long de la bordure, depuis le Ragny jusqu'à Montmaillot, une zone stérile ayant 1,500 à 1,800 mètres de largeur.

La coupe passant par Saint-Amédée et Sainte-Barbe, pl. VI, met bien en évidence l'augmentation de puissance de la couche n° 1, à l'aval pendage.

De même la coupe n° 3, pl. VI, passant par le Magny, montre l'accroissement continu de la couche n° 4.

La coupe n° 6, pl. VII, passant par Sainte-Hélène et Jules-Chagot, montre également que la couche n° 1, barrée et inexploitable à Sainte-Hélène, devient une belle couche à une certaine distance, de même que la couche n° 4, très mince à Sainte-Hélène, prend de l'épaisseur progressivement.

Les autres coupes transversales conduiraient à des constatations identiques.

La zone stérile de la bordure paraît être surtout constituée par des conglomérats qui sont parfois à très gros éléments. On observe de pareils conglomérats sur le bord Est du canal du Centre, à côté du pont qui conduit au hameau des Goujons. On aperçoit également à Galuzot, dans le parc du château et près du hameau des Salons, d'énormes blocs de gneiss qui avaient fait admettre, par la Compagnie de Blanzy, l'existence, en cet endroit, d'un promontoire granitique qu'on appelait le promontoire de Galuzot ou des Salons. Lorsque les tranchées du chemin de fer de Montchanin à Moulins étaient fraîches, elles montraient aussi des poudingues à gros éléments.

Nous venons de voir que les gisements de houille et la constitution des terrains subissent de très grandes variations à mesure qu'on s'éloigne transversalement de la bordure.

Il y a également des variations importantes dans le sens de l'allongement du bassin. Ainsi la couche n° 2, qui est cependant la plus régulière de la formation, et qui présente, de Lucy à Saint-François, une épaisseur moyenne de 12 à 14 mètres, n'a plus que 5 ou 6 mètres de puissance en face du puits Saint-Louis, et 2 mètres au puits des Crépins. Son épaisseur descend également à 6 mètres dans la partie Sud-Ouest du quartier du Magny.

La couche n° 2 présente près de son toit, à Lucy, une barre blanche avec écailles de poissons et coprolites qui n'existe plus dans le district de Montceau.

La couche n° 1, qui a 16 mètres de puissance à Saint-François, devient médiocre au puits de la Sonde, et n'a plus que 2 ou 3 mètres dans le quartier de Blanzy (P. de l'Ouche, Harmet, etc.). Barrée et inutilisable au puits de Magny, elle redevient exploitable au delà dans le district de Montmaillot.

A Saint-François, la couche n° 1 n'a pas de barre; à Sainte-Eugénie, elle renferme une barre de grès à fond gris avec cailloux blancs de granulite; cette barre prend de l'importance à mesure qu'on se rapproche du puits J.-Chagot.

La couche n° 3 n'a été exploitée jusqu'ici qu'à Saint-François, Sainte-Eugénie et Saint-Pierre; elle n'a pas été rencontrée, même à l'état de traces, par les puits Saint-Louis et Saint-Claude; au puits du Magny, elle n'est représentée que par du charbon schisteux.

La couche n° 4, qui a 15 mètres d'épaisseur au puits du Magny, n'a plus que 6 ou 7 mètres à l'extrémité Sud-Ouest du champ d'exploitation de ce puits.

Au puits Saint-François, elle a 20 mètres, mais dans un bure situé à 180 mètres à l'est du puits Sainte-Élisabeth, elle n'a plus que 6 m. 30, et ce n'est qu'avec doute que nous avons assimilé à cette couche quelques filets charbonneux rencontrés par le puits Saint-Claude, à 150 mètres au-dessous de la couche n° 2, et par le puits des Crépins, à 170 mètres au-dessous de cette même couche n° 2.

La constitution des terrains encaissants subit également de larges modifications. Le toit de la couche n° 2, qui est constitué par une épaisse formation de schistes, bien caractérisés dans le district de Montceau, est formé par des grès schisteux dans la région Lucy-Magny-Montmaillot.

Au mur de la couche n° 1, on trouve au Magny et à Montmaillot des poudingues, tandis que pareille formation fait défaut dans le district de Montceau.

On pourrait multiplier les exemples de ces variations que permet d'ailleurs d'apprécier l'examen des coupes de puits (pl. IX).

Dans la plupart des bassins, on a constaté qu'une même couche de houille renfermait d'autant moins de matières volatiles qu'elle s'éloignait davantage des bords du bassin. M. Marcel Bertrand est même disposé à penser qu'il y a là une loi générale, et que les lignes d'égale teneur en matières volatiles sont disposées parallèlement à l'ancien rivage du bassin.

A Montceau, on observe effectivement certains changements dans la com-

position à mesure qu'on s'éloigne de la bordure. M. Estaunié a publié, en
1860, dans les *Annales des Mines*, un mémoire dans lequel sont énoncées les
conclusions suivantes [1] :

La qualité s'améliore en profondeur; au puits Sainte-Hélène, dans la
couche n° 2, on voit la teneur en matières volatiles passer successivement
de 47,50 p. 100 à 43,5 p. 100, à mesure qu'on va de Sainte-Hélène à
Sainte-Marie.

On peut ajouter qu'aux puits Saint-François, Sainte-Eugénie et Sainte-
Élisabeth, les couches se sont montrées moins chargées de matières volatiles et plus aptes à faire du coke qu'à Maugrand, Sainte-Hélène et Saint-
Pierre situés plus près de la bordure. Mais, en réalité, ces changements suivant
une normale à la bordure ont été jusqu'ici médiocrement accentués, et c'est
au contraire suivant la direction qu'on observe des modifications considérables.

Dans le district de Montceau, tous les charbons sont demi-gras ou maigres
flambants; leurs teneurs en matières volatiles sont, d'après le mémoire
d'Estaunié, comprises entre 40 et 49 p. 100 [2].

Dans le district de Lucy-Magny, on ne trouve plus que des houilles flambantes ou des houilles anthraciteuses.

Les houilles flambantes sont situées dans la région Nord-Est du champ d'exploitation et les houilles anthraciteuses dans la région Sud-Ouest. La variation
de la nature du charbon s'opère d'ailleurs très rapidement et sur un espace
très restreint. Estaunié donne à ce sujet, dans son mémoire déjà cité, des
chiffres intéressants.

A l'étage compris entre les niveaux de 190 mètres et de 227 mètres, du
puits du Magny, la teneur en matières volatiles est de 38 à 39 p. 100 à
200 mètres environ au Sud-Ouest du puits; à 400 mètres de distance, elle
tombe à 27 p. 100 et, à 520 mètres, c'est-à-dire à l'extrémité des travaux,
elle n'est plus que de 18 p. 100. Il y a donc eu, sur un parcours relativement
faible de 320 mètres environ, une diminution de 20 p. 100 dans la teneur en
matières volatiles.

[1] Des diverses variétés de houille du département de Saône-et-Loire. (*Ann. mines*, 5ᵉ série,
t. Iᵉʳ.)

[2] Actuellement, les teneurs en matières volatiles dans ce district seraient moins élevées et
varieraient entre 33 et 45 p. 100. Cette diminution tient vraisemblablement à ce que les travaux
sont plus profonds et ne fait ainsi que confirmer la règle énoncée ci-dessus.

Cette diminution paraît encore se continuer du côté du Sud-Ouest, car, dans les travaux actuels du Magny, à l'extrémité Ouest de l'étage de 319 mètres, on n'a plus que de 12 à 14 p. 100, et, à Montmaillot, la première couche n'a que 13 à 14 p. 100 de matières volatiles.

Toutefois un fait intéressant est à noter : c'est que, tandis que les grandes couches deviennent progressivement anthraciteuses, les petites couches continuent à donner du charbon flambant. Ainsi, à Montmaillot, la petite couche n° 3 avait la teneur fort élevée de 51 p. 100 de matières volatiles (Estaunié). Au puits Louvot, d'après Manès, on aurait trouvé une couche de cannel coal donnant une « flamme abondante et très prolongée ».

Classification
des
couches de houille. Jusqu'ici les exploitants n'ont repéré que les couches épaisses, auxquelles ils ont donné respectivement les noms de couches n° 1, n° 2, n° 3 et n° 4.

Aucune classification n'a été adoptée pour les autres gisements.

Cette mesure me paraît prudente, et je crois qu'il y a lieu de la maintenir encore.

Si l'on observe, en effet, qu'il y a encore parfois des doutes sur l'assimilation à l'une ou à l'autre de ces grandes couches des gîtes exploités dans la région de Blanzy et du Ragny, et de ceux exploités dans le district de Montmaillot, si on observe enfin qu'il n'y a pas dans la formation de point de repère bien certain, on admettra facilement qu'il serait téméraire de chercher à classer des petites couches ou veinules recoupées par les divers puits. Il y a trop de variations soit dans la puissance et la nature des gisements, soit dans la constitution des terrains encaissants, pour qu'il soit possible d'aborder utilement pareille tâche. Telle couche, qui a été recoupée par ces puits avec une puissance de 2 à 3 mètres, peut n'être même pas représentée par un filet charbonneux dans un autre forage. Tout essai de classification ne pourrait, dans ces conditions, aboutir qu'à des conclusions absolument hypothétiques et très probablement erronées.

Nous nous bornerons donc à essayer de repérer les grandes couches dans les divers districts des concessions de la compagnie de Blanzy.

Repérage
des
grandes couches
et accidents
les affectant. L'allure des gîtes dans les mines de la compagnie de Blanzy, depuis la concession de Ragny jusqu'à celle des Porrots, est compliquée et n'est encore qu'imparfaitement connue. Nous allons essayer de la décrire brièvement, en faisant toutefois ressortir les lacunes que présentent encore nos connaissances à cet égard. Nous commencerons par la région du Ragny et des Crépins pour aller successivement de là jusqu'à celle des Porrots.

On rencontre au Ragny et aux Crépins une série d'anciens puits (P. Sergant, Trémeau, des Crépins, Lambert, de la Machine, etc.). Ces puits ont rencontré, à une faible profondeur, une couche d'une épaisseur d'environ 2 mètres, qui a été l'objet de travaux d'exploitation.

a. Région de Blanzy et des Crépins.

Cette couche présente, dans les travaux des puits Lambert et des Crépins, un pendage inverse de celui constaté dans les travaux du puits Trémeau. L'affleurement du gîte, figuré sur le plan, dessine bien d'ailleurs cet anticlinal, et la disposition de cet affleurement montre que son arête plonge du côté du Sud-Est.

On trouve ensuite un groupe de nombreux puits (Boulay, Blanzy 1, 2, 3, 4, Abraham, Giroux, du Cerisier, de la Tire, Harmet, Champ Marceau, Étang Denis, Chassagne, Ouche, Joursenveau). Chacun d'eux a recoupé à peu de profondeur une couche de 2 à 3 mètres d'épaisseur. Les travaux exécutés ont d'ailleurs montré que ces gisements fournissaient parfois du charbon d'excellente qualité (Harmet, Étang Denis), mais qu'ils étaient affectés par de nombreuses failles.

Nous supposons que ces gîtes ne représentent qu'une seule et même couche, présentant des accidents assez peu importants comme amplitude, mais relativement nombreux. C'est cette hypothèse qui a été admise pour l'établissement du plan général des travaux.

Cette couche formerait également un anticlinal, comme l'indiquent les affleurements figurés sur le plan précité; cet anticlinal plongerait au Sud-Ouest.

Le puits de Blanzy n° 8 a exploité jadis une couche différente de la précédente et située à environ 100 ou 120 mètres au-dessous. Cette couche doit être la même que celle exploitée jadis au puits Saint-Claude; elle formerait, entre ces deux puits, un anticlinal correspondant aux amas horizontaux trouvés au niveau de 90 mètres. Elle augmenterait d'ailleurs d'épaisseur en s'éloignant du puits de Blanzy n° 8, conformément à la règle générale déjà énoncée pour les gîtes de la région.

La coupe passant par le puits de Blanzy n° 8 et le puits Saint-Claude montre cette disposition des gîtes. Elle montre, en outre, que la couche de l'Étang Denis n'est pas représentée au puits Saint-Claude, parce qu'elle a été enlevée par les érosions.

Il reste à examiner quelles relations existent entre les divers gîtes que nous venons de mentionner. Nous avons montré que ces derniers affectaient la forme de dorsales dont les arêtes plongeaient vers le Sud-Ouest.

On doit donc s'attendre à trouver des assises d'autant plus anciennes qu'on s'avance vers le Nord-Est.

On avait pensé jadis que les gîtes du quartier de Blanzy et ceux des Crépins ne pouvaient pas, vu leur épaisseur réduite, correspondre aux grandes couches de Montceau. On admettait donc qu'ils étaient inférieurs à ces dernières, dont les séparait une grande faille orientée sensiblement suivant la vallée de la Sorne.

De récents travaux ont montré que cette hypothèse n'était pas conforme à la réalité. Les allongements poussés dans la couche n° 2 par le puits Saint-Louis ont traversé, en effet, la vallée de la Sorne sans rencontrer d'accidents; ils sont parvenus à l'aplomb des anciens travaux des puits de l'Ouche et à environ 100 mètres plus bas.

La couche de l'Ouche et, par suite, celle des puits de l'Étang Denis, Harmet, Boulay, etc., serait donc la couche n° 1.

La couche des Crépins et celle des puits Saint-Claude et Blanzy n° 8 serait dans ces conditions la couche n° 2.

La couche n° 3 serait amincie dans la région au point de devenir méconnaissable; la couche n° 4 serait à peine représentée par quelques filets charbonneux.

La région de Blanzy et des Crépins a, en somme, une structure assez simple : elle est essentiellement caractérisée par une dorsale dont l'arête plonge du côté du Sud-Ouest.

Cette dorsale est sensiblement parallèle à la limite des grès rouges et située à peu de distance de cette dernière, de telle sorte que la partie des gîtes située sur le versant Nord-Ouest de l'anticlinal n'a qu'une très faible importance.

Comme sur l'autre versant de la dorsale, des couches viennent se stériliser à une certaine distance de la bordure granitique, il n'y a guère qu'une bande variant de 300 à 500 mètres de largeur sur laquelle ont pu porter les travaux.

Toute exploitation a été suspendue dans cette région, à la suite de la découverte des riches gisements du district de Montceau. Mais il reste encore quelques ressources disponibles dont il sera possible plus tard de tirer parti.

b. Région de Montceau. La région de Montceau, comprise entre les anciens travaux de l'Ouche et la faille de Barrat, présente d'assez grandes complications. La largeur de la bande houillère s'accroît, mais alors apparaissent deux accidents obliques qui jouent un rôle important, ils sont désignés, l'un sous le nom de faille du Pied-Droit, l'autre, assez improprement d'ailleurs, sous le nom de faille de l'Est. Ces deux accidents, orientés à peu près parallèlement, provoquent chacun des rejets en profondeur de 100 mètres environ en moyenne.

La coupe n° 9 (pl. VIII) passant par le puits Sainte-Élisabeth met en évidence la faille de l'Est, et celles n°ˢ 5 et 6 (pl. VII) passant par les puits Saint-Pierre et Maugrand et par les puits Sainte-Marie et Sainte-Hélène figurent la faille du Pied-Droit.

Ces accidents pourraient bien être d'ailleurs plutôt des plis accompagnés de failles d'étirement que de véritables failles. C'est ce que semblerait indiquer la coupe passant par le puits Sainte-Hélène et le puits Sainte-Marie. Il doit en être vraisemblablement de même pour la faille de l'Est.

Ces plis peuvent d'ailleurs, comme cela existe dans la région du puits Sainte-Marie, être légèrement déversés, ou plutôt légèrement couchés, pour employer l'expression habituellement usitée. Ce déversement commence probablement à moitié distance entre le puits Saint-Pierre et le puits Sainte-Marie, à l'endroit où la faille change brusquement de direction.

La faille de l'Est est peu connue, elle n'a été traversée que dans le voisinage du puits Sainte-Élisabeth; sa prolongation, telle qu'elle a été figurée sur le plan, est donc très hypothétique.

La faille du Pied-Droit est mieux connue, toutefois on ignore ce qu'elle devient au delà du puits Sainte-Marie, et ce n'est qu'hypothétiquement que nous admettrons plus loin que la faille du Magny en constitue le prolongement au delà de l'accident de Barrat. Nous allons examiner successivement chacune des zones délimitées par les deux accidents précités, zones qu'on peut appeler respectivement zone de Sainte-Élisabeth, zone de Sainte-Eugénie, zone de Maugrand.

Zone Sainte-Élisabeth. — Cette zone a été très peu explorée. Nous nous bornerons à présenter les indications suivantes :

Les couches paraissent y acquérir une épaisseur plus grande que dans la zone voisine. Ainsi les couches supérieures à la grande couche n° 1 présentent les puissances suivantes :

1ʳᵉ couche.	1ᵐ 50
2ᵉ couche.	6 80
3ᵉ couche.	5 00

A Sainte-Eugénie, ces mêmes gîtes n'avaient respectivement que 2 mètres, 2 mètres et 2 m. 50.

On poursuit actuellement, au niveau de 380 mètres et par le puits Sainte-Eugénie, des explorations dans cette zone, mais elles sont encore trop peu avancées pour fournir quelques indications intéressantes. Signalons toutefois qu'on a trouvé, derrière un accident qui représente soit la faille de l'Est, soit une faille parallèle, une couche peu régulière, très dressée, plongeant du côté du Nord-Est, et dont l'horizon géologique est encore problématique.

S'il reste un intervalle suffisant entre la faille de l'Est et la limite du Grès rouge, on peut espérer y rencontrer des richesses fort appréciables.

Zone Sainte-Eugénie. — Cette zone présente, dans la région Saint-Louis, un anticlinal bien accusé qui se relie avec celui mentionné précédemment pour la région de Blanzy. Cet anticlinal a pour effet, vu sa plongée vers le Sud-Est, de localiser aux environs du puits de la Sonde les affleurements de la couche n° 1. Il va d'ailleurs en s'atténuant progressivement, car il est à peine marqué à l'aval du puits Sainte-Eugénie; il est d'ailleurs accompagné d'autres plissements également peu développés. L'ensemble de la formation plonge assez fortement du côté du Sud-Est, ainsi que le met en évidence la coupe passant par les puits J.-Chagot, Sainte-Eugénie et de la Sonde.

Dans cette zone, les couches se présentent très favorablement et y ont parfois, notamment les couches n°ˢ 1 et 4, des épaisseurs exceptionnelles. Nous avons déjà mentionné qu'à Saint-François la couche n° 1 atteignait jusqu'à 16 mètres, et la couche n° 4, 20 mètres.

La partie entre le puits J.-Chagot, la faille de Barrat et la limite du Permien est complètement inconnue, et il est probable, comme nous l'avons dit antérieurement, que les gîtes y sont à d'assez grandes profondeurs.

Zone Maugrand. — Cette zone a une étendue beaucoup plus restreinte que la précédente; elle comprend les puits Maugrand, Saint-Pierre et Sainte-Hélène. Elle présente aussi un anticlinal, parallèle sensiblement à la bordure granitique, et au delà duquel les couches s'amincissent rapidement, au point de devenir inexploitables. Un autre anticlinal, parallèle au premier, se montre également entre le puits Maugrand et la faille du Pied-Droit, mais il n'a qu'un développement restreint. On remarque en outre, dans cette zone, des plissements orientés normalement à la direction; ils sont d'importance réduite, mais cette superposition de plissements d'orientation différente entraîne une certaine complication dans l'allure des gisements.

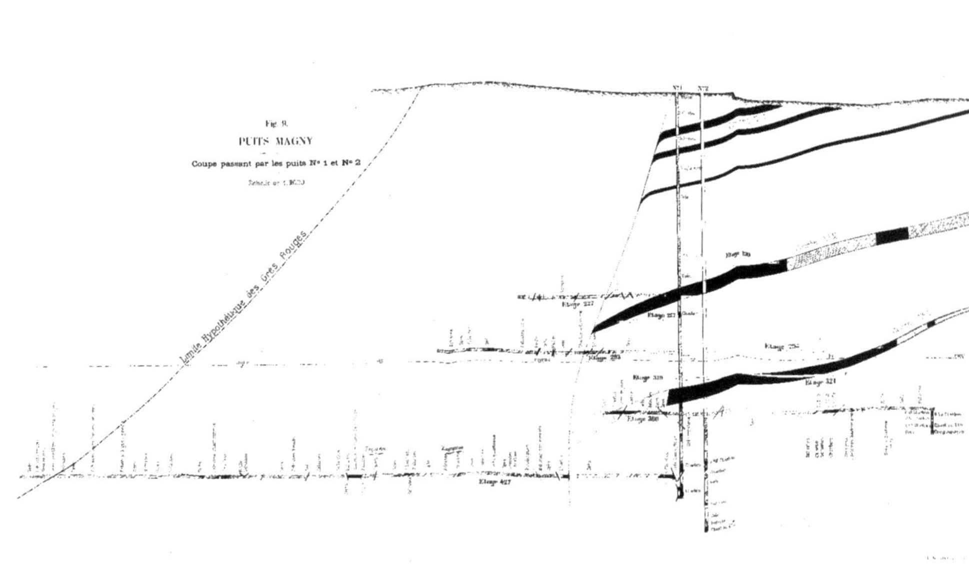

Fig. 9.
PUITS MAGNY
Coupe passant par les puits N° 1 et N° 2
Echelle de 1:1000
Limite hypothétique des Grès Rouges.
Etage 227
Etage 321
Etage 250
Etage 300
Etage 427

Une faille, dite *faille de 211*, occasionnant un rejet d'environ 25 à 30 mètres, et située entre le puits Sainte-Hélène et le puits Sainte-Marie, vient encore, dans cette région, accroître les complications.

Dans la zone Maugrand comme dans la zone Sainte-Eugénie, les gîtes plongent non seulement du côté du Nord-Ouest, mais encore ils présentent un léger pendage du côté de la faille de Barrat.

La couche n° 1 affleure dans la majeure partie de l'étendue de cette zone, comme le montre le plan de la planche VII, mais la couche n° 2 n'apparaît pas au jour; elle reste en profondeur.

La zone Maugrand vient buter contre une faille transversale, dite *faille de Barrat*, qui relève les couches d'environ 100 mètres. Au delà de cet accident, les gîtes présentent moins d'irrégularité.

c. Région du Magny.

Les couches n° 1 et n° 2 y affleurent, la couche n° 1 sur une assez grande étendue en amont du puits de Magny, et la couche n° 2 sur une très faible superficie près de la faille de Barrat. Les gisements sont influencés par un anticlinal qui, d'abord parallèle à la bordure granitique, change progressivement d'orientation et arrive finalement à lui être presque orthogonal.

Les travaux extrêmes, au Sud-Ouest du puits de Magny, paraissent annoncer la proximité d'un synclinal accompagnant la dorsale précitée.

Les gîtes s'appauvrissent rapidement sur le versant Sud-Est ou Sud de cet anticlinal; ils augmentent, au contraire, progressivement d'épaisseur sur l'autre versant.

Tous les gîtes de Magny viennent buter contre un accident important appelé *faille du Magny*. Des recherches successives opérées aux niveaux de 227 mètres, de 293 mètres et de 427 mètres n'ont donné aucun résultat.

Le travers bancs de 427 a rencontré des grès rouges à son avancement; il était, par suite, entré dans le terrain permien. (Voir figure n° 9 ci-contre.)

Les diverses veines ou veinules de charbon rencontrées par ce travers bancs représenteraient les gisements situés au-dessus de la couche n° 1, gisements reconnus par le puits Jules-Chagot, et la couche n° 1 serait à une profondeur assez grande, impossible à évaluer.

Si on admet, ce qui est vraisemblable, que la faille du Magny soit le prolongement de celle du Pied-Droit, et que la zone comprise entre la faille du Magny et le Grès rouge soit ainsi la continuation de la zone Sainte-Eugénie, si on admet en outre que la plongée des bancs constatée entre la Soude et Sainte-Eugénie se maintient au delà, la couche n° 1 se trouverait en face du puits de Magny, à la profondeur d'environ 800 à 900 mètres. Mais pareille évaluation doit être tenue pour absolument hypothétique, parce qu'il n'est nullement établi que la plongée constatée dans la région Sainte-Eugénie reste constante; les assises ne peuvent, en effet, plonger indéfiniment; elles doivent se relever quelque part, et ce relèvement peut fort bien s'opérer dans la région du Magny.

Des explorations fort importantes ont été effectuées jadis aux niveaux de 227 mètres, de 293 mètres et de 427 mètres, en vue de retrouver les gisements au delà de la faille de Magny. Nous avons cru utile de reproduire avec quelques détails la coupe des terrains traversés, pareil document méritant de conserver des traces durables.

On pourrait être amené, vu l'amplitude exceptionnelle qu'il faudrait attribuer à la faille de Magny, à se demander si cet accident ne serait pas simplement la ligne de contact du Houiller et du Permien, et si les terrains traversés au delà de la faille ne seraient pas exclusivement du Saxonien inférieur renfermant, ainsi qu'il a été constaté ailleurs, des veines de houille. Mais les diverses empreintes recueillies dans le travers bancs de 427 mètres, au delà de la faille de Magny, ont été attentivement examinées par M. Zeiller, et elles ne renferment aucune forme caractéristique du Permien[1]. Il convient donc, jusqu'à preuve contraire, de considérer comme houillères les assises rencontrées par le travers bancs, sauf celles situées à l'extrémité de l'avancement qui sont assurément Saxoniennes.

A Montmaillot, on connaît : 1° trois petites couches assez rapprochées, de $1^m,50$ à 2 mètres de puissance, exploitées autrefois par les puits Pancemont, Marie-Rose, Grand-Puits, Michel, etc.; 2° une couche, atteignant une dizaine de mètres à l'aval pendage, exploitée par les puits Saint-Amédée et Sainte-Barbe; 3° enfin, une couche ayant également une dizaine de mètres, recoupée par les puits Saint-Amédée et Sainte-Barbe, et dont l'exploitation a été commencée.

Il y a, entre le quartier du Magny et celui de Montmaillot, une zone inexplorée de 800 à 1,000 mètres de largeur, de telle sorte qu'il subsiste encore quelques doutes sur la classification des couches de Montmaillot.

Les exploitants ont considéré la première grande couche de Montmaillot

---

[1] Seul le *Nevropteris gleichenioides* serait une espèce plutôt permienne que houillère, mais elle se trouve également, d'après M. Zeiller, à Commentry, de telle sorte qu'il n'y a aucun argument décisif à en tirer.

comme représentant la couche n° 1. Cette opinion repose sur les arguments suivants :

Au-dessus de la première grande couche de Montmaillot existe un faisceau de petites couches, réparties sur 250 mètres de hauteur environ, dont trois ont été exploitées jadis. Il y a une ressemblance entre cette série et celle rencontrée au puits J.-Chagot. La couche n° 1 est accompagnée au Magny de conglomérats situés au mur du gisement; pareil fait s'observe à Montmaillot.

Cette assimilation nous paraît également être assez probable, et nous l'avons admise dans la présente étude.

Si cette hypothèse est exacte, les niveaux tracés dans la couche n° 2 du Magny iraient se raccorder avec ceux de la couche n° 2 de Montmaillot, après avoir décrit une légère inflexion résultant de la présence d'un synclinal que nous avons mentionné ci-dessus.

Le puits Saint-Amédée a rencontré des assises presque horizontales; il est donc vraisemblable qu'un anticlinal passe à côté de ce puits. Nous l'avons figuré sur le plan précité.

Cet anticlinal formerait, là aussi, la limite au delà de laquelle les gîtes deviennent inexploitables. Les données manquent pour dire de quel côté plonge cette dorsale; elle paraît d'ailleurs être sensiblement horizontale dans la région explorée.

Il serait intéressant de savoir ce que devient la faille du Magny à Montmaillot, nous n'avons malheureusement aucune donnée à cet égard. Tout ce qu'on peut dire, c'est qu'elle doit passer à l'aval des puits Frédéric et Jumeaux; elle devrait donc éprouver, après la région du Magny, une déviation sensible.

Remarquons enfin, avant de clore ce paragraphe, qu'à Montmaillot les petites couches seules affleurent; les autres couches restent toutes en profondeur.

La concession des Porrots est à peu près inexplorée.

e. Région des Porrots.

Jadis, on effectua, vers 1840, quelques travaux par les puits dits *des Porrots,* sur une couche ayant environ 2 mètres de puissance. Elle était à peu près horizontale en cet endroit. Le charbon était, dit Manès, friable et micollant.

Plus récemment, on a foncé, à l'aval pendage du puits des Porrots, le puits Ramus qui fut poussé jusqu'à 315 mètres. La coupe (planche IX) montre que ce puits a rencontré, sur les 200 premiers mètres, une série de veines et veinules de charbon, puis, à 225 mètres et à 258 mètres, deux couches ayant respectivement 1^m,30 et 4 mètres de puissance. Ces gîtes n'ont pas été explorés; les quelques travaux qui ont été entrepris ont montré d'ailleurs que deux accidents, assez rapprochés et d'amplitudes inconnues, affectaient les assises.

La couche de 1 m. 30 serait celle autrefois exploitée; celle de 4 mètres serait, au contraire, une couche nouvelle. Le charbon en serait, paraît-il, de nature anthraciteuse.

A quel niveau appartiennent ces couches des Porrots?

Les nombreuses veines rencontrées dans le fonçage paraissent représenter la série des petites couches de Montmaillot, supérieure à la couche n° 1.

Mais alors se pose la question de savoir si la couche de 4 mètres est la couche n° 1, ou si elle appartient encore au faisceau supérieur à cette couche. Nous avons vu qu'à Montmaillot la couche n° 1 est anthraciteuse, tandis que les couches supérieures donnent des charbons flambants. Nous verrons plus loin qu'à Perrecy il semble en être de même; il y a donc des probabilités pour que la couche inférieure du puits des Porrots représente la couche n° 1.

Il convient d'ajouter d'ailleurs que le puits Ramus n'est pas très éloigné de la bordure des terrains anciens (1,200 mètres environ), et que les gîtes seraient probablement plus épais s'ils étaient recoupés à l'aval pendage du puits.

Fossiles. — Nous ne fournirons, dans le présent chapitre, aucune indication sur les plantes fossiles, laissant ce soin à notre collaborateur M. Zeiller.

Nous nous bornerons à mentionner les points où ont été rencontrés des poissons fossiles, dont l'étude n'a pas d'ailleurs été faite.

Puits de Lucy. — Barre blanche au toit de la couche (couche n° 2). Poissons et coprolites.

Carrière Sainte-Hélène. — (Couche n° 1.) Poissons et coprolites.

Carrière Saint-François. — (Assises supérieures à la couche n° 1.) Poissons et coprolites.

Bure des Compresseurs, à 100 mètres de profondeur (entre les couches n°s 1 et 2). Poissons.

Puits Saint-Louis, à 225 mètres de profondeur (couche n° 2). Poissons.

Résumé
sur la structure
de la zone houillère
dans
les concessions
de la Compagnie
de Blanzy.

Si nous laissons de côté les Porrots, pour lesquels nous n'avons pas d'indication bien sérieuse, nous pouvons résumer comme il suit l'état de nos connaissances sur la structure de la zone houillère dans les concessions appartenant à la Compagnie de Blanzy.

La bande houillère s'élargit à mesure qu'on s'éloigne du Ragny et des

Crépins et qu'on s'avance dans la région Sainte-Eugénie. La limite des Grès rouges s'éloignant des terrains anciens, à partir de Sainte-Eugénie jusqu'à Montmaillot, la largeur du Houiller croît encore, mais faiblement. Toutefois, la limite du Houiller et du Grès rouge étant malheureusement fort mal connue au Sud-Est du puits Sainte-Élisabeth, nous ne pouvons formuler sur les variations de la largeur du terrain houiller que des indications assez hypothétiques.

Cette bande houillère a été comprimée contre le Grès rouge et, par suite, plissée. Mais cette compression a été moins intense qu'à Montchanin, et nulle part on n'a constaté, comme nous le mentionnerons pour cette mine, le charriage du Houiller sur le Permien. Les plissements du Houiller ont été, par suite, moins énergiques et ont eu seulement pour effet de provoquer une série d'anticlinaux et de synclinaux, grossièrement parallèles à l'allongement du bassin.

On peut dire que, sauf à Montmaillot, où la question reste encore indécise, les arêtes de ces anticlinaux plongent du côté du Sud-Ouest, de telle sorte que la profondeur des gîtes va généralement en augmentant à mesure qu'on s'avance dans cette direction.

On observe également d'autres plissements orthogonaux, mais bien moins accentués en général que les plissements longitudinaux.

Ces phénomènes de compression ont été vraisemblablement accompagnés d'un soulèvement de la bordure granitique qui a eu pour effet de relever également des bandes de terrain houiller. Il en est résulté des failles ou des plis-failles qui découpent la formation en zones indépendantes les unes des autres.

La faille dite « de l'Est », celle du Pied-Droit et celle du Magny qui est probablement la continuation de celle du Pied-Droit, sont dans ce cas. Elles affectent des directions variables, mais elles sont en somme grossièrement parallèles à la bordure granitique.

Indépendamment de ces accidents, il y a des failles transversales qui jouent parfois un rôle assez important, notamment celle de Barrat.

La région de Blanzy et des Crépins est assez simple. On y voit affleurer les couches n°s 1 et 2 qui forment un anticlinal bien accusé.

La région de Montceau est, au contraire, très complexe. Elle comprend trois zones séparées par les failles du Pied-Droit et de l'Est (zone Maugrand, zone Sainte-Eugénie, zone Sainte-Élisabeth). Cette dernière, peu connue, n'a probablement qu'une importance restreinte. La zone Maugrand est assez étendue; mais la plus considérable est assurément la zone Sainte-Eugénie.

Une coupe schématique passant transversalement par les trois zones donnerait approximativement les dispositions représentées ci-dessous.

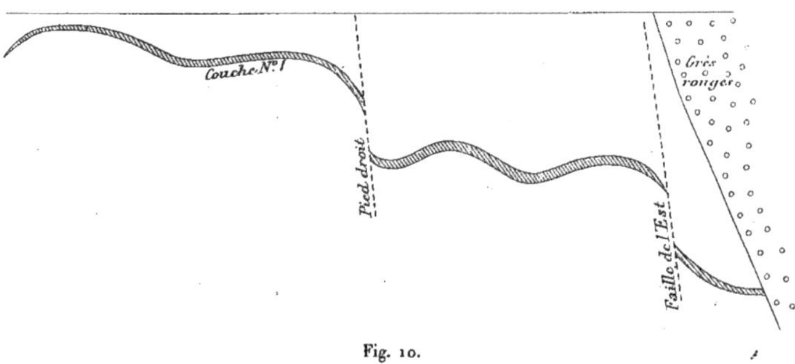

Fig. 10.

La région du Magny présente une grande régularité en amont de la faille du Magny. On peut signaler seulement, comme fait intéressant, que le plissement qui était d'abord, dans la région de Lucy, allongé dans le sens du bassin avec plongée de la dorsale vers le Sud-Ouest, change progressivement d'orientation et devient finalement orthogonal. Ce changement d'orientation fait que les assises cessent de plonger du côté du Sud-Ouest. On constate, en effet, qu'à Montmaillot les gîtes plongent seulement du côté opposé à la lisière.

La région située au delà de la faille de Magny est inconnue; on ignore quelle est l'importance de cette faille, jusqu'à quelle distance elle se prolonge, et quelle est l'importance de la bande comprise entre elle et le terrain permien.

Nous avons figuré dans le croquis approximatif ci-contre (fig. 11) la disposition générale du bassin houiller depuis les Crépins jusqu'à Montmaillot, comme nous venons de la résumer.

Relations entre le Houiller et le Grès rouge. Les travaux de la Compagnie de Blanzy ont rarement franchi la limite séparative du Houiller et du Permien, et nous fournissent par suite peu de documents sur les relations existant entre ces deux formations.

Il y a lieu, toutefois, de mentionner les faits suivants :

Le Permien est en contact avec des assises houillères de niveaux très différents. Aux Crépins, il est en contact avec la zone de la couche n° 2, tandis que, dans la région du puits Jules-Chagot, ce sont les assises houillères les plus supérieures, situées à 600 mètres au moins au-dessus de la couche n° 1, qui viennent buter contre le Grès rouge.

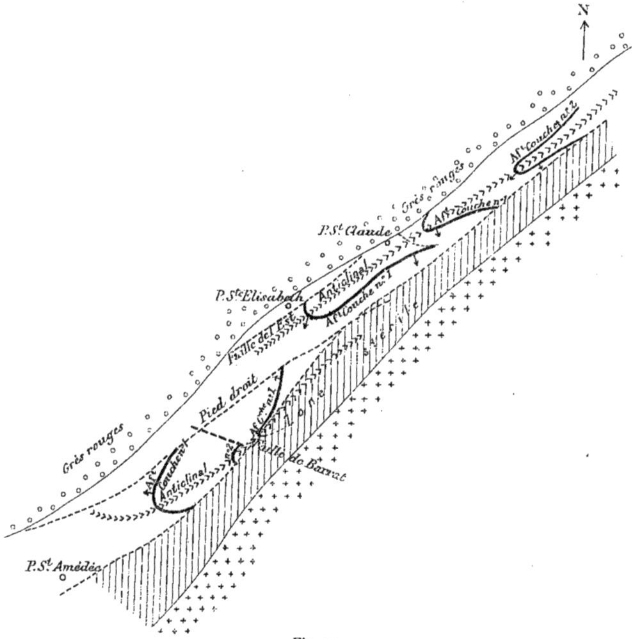

Fig. 11.

Les travers bancs inférieurs des puits Saint-Claude et du Magny n'ont pas reconnu de ligne de séparation un peu nette entre le Houiller et le Permien, à tel point que l'emplacement exact de cette limite est restée assez indécis. Le contact des deux formations ne paraît donc pas résulter d'une faille.

B. Mines de Montchanin et de Longpendu.

Concession de Montchanin. (Superficie : 1,716 hectares.) Instituée le 24 octobre 1838.
Concession de Longpendu. (Superficie : 710 hectares.) Instituée le 6 octobre 1832.

La bande houillère traverse sur toute leur étendue les concessions de Long-pendu et de Montchanin; elle y présente un développement de 8 kilomètres.

Sa largeur varie entre 800 et 1,600 mètres. Les gîtes y présentent des allures très diverses et y sont fort accidentés.

On peut distinguer trois districts dans lesquels les gîtes offrent des allures différentes : au centre, la région du puits Quétel; à l'Est, la région du puits Louise; à l'Ouest, la région du puits Wilson.

Allure des gîtes.

a. Région Quétel.

Dans cette région, on ne connaît qu'une seule couche, qui se présente là en forme d'amas ayant aux affleurements la puissance exceptionnelle de 50 à 60 mètres, tandis qu'à la profondeur de 115 mètres elle n'est plus représentée que par une simple trace. Cet amas s'étrangle également du côté de l'Ouest et du côté de l'Est, mais on retrouve sur son alignement d'autres amas, qui en constituent le prolongement. Du côté de l'Est, le plan des travaux (planche X) montre une série d'amas lenticulaires dans les quartiers des puits du Bois et de Boulogne. Du côté de l'Ouest, on observe aussi une succession de petits amas jusqu'au delà du puits de la Grille.

La couche Quétel est d'ailleurs accompagnée, à son mur et à peu de distance, de sous-couches, au nombre de deux ou trois, qui présentent d'ailleurs autant d'irrégularités que la couche principale.

Au mur de la couche Quétel, on n'a trouvé par le puits Saint-Vincent, dans le travers bancs du niveau de 130 mètres, qu'une veine peu épaisse (1 m. 50 environ) située à 100 mètres de distance, mesurée normalement à l'inclinaison. Au-dessous, on ne rencontre qu'une formation de grès et poudingues.

b. Région de Longpendu.

Dans le district de Longpendu, on a reconnu, par le puits Louise, sep-couches : une couche dite « supérieure », d'une épaisseur moyenne d'environ 3 à 4 mètres, et un faisceau de cinq couches, dites « couches n°[s] 1, 2, 3, 4 et 5 », réparties, dans la traversée du puits, sur une hauteur de 80 mètres. (Voir coupe n° 7, pl. XI.)

La première couche du faisceau est située à 100 mètres environ au-dessous de la couche supérieure.

Enfin le puits a recoupé une dernière couche épaisse seulement de o m. 6o, située à 13o mètres de la base du faisceau précité.

La coupe montre que les couches s'amincissent et se stérilisent progressivement à mesure qu'elles se rapprochent de la bordure granitique, en même temps que leurs intervalles s'accroissent. Ainsi la couche n° 3, qui n'était distante que de 5o mètres de la couche n° 1, dans le puits Louise, en est distante d'environ 1oo mètres au Sud de ce puits. Au contraire, au Nord de ce dernier, les couches augmentent d'épaisseur et se rapprochent à tel point, qu'elles ne constituent plus, en réalité, qu'un seul gîte, divisé par des barres en plusieurs bancs.

Nous retrouvons là un phénomène analogue à celui constaté à Montceau pour la couche n° 1, dans la région des puits Saint-Pierre, Sainte-Marie, Sainte-Hélène.

La coupe, par le puits Louise, met en évidence l'existence d'un synclinal sur lequel nous reviendrons ultérieurement. Nous ferons seulement remarquer, pour le moment, que ce synclinal est beaucoup plus accentué dans le faisceau des couches que dans la couche supérieure; en outre, la ligne reliant les thalwegs des divers synclinaux est courbe et fortement inclinée sur la verticale.

Nous n'avons, afin d'éviter la confusion, figuré sur le plan d'ensemble que la couche supérieure, la couche n° 2, et quelques niveaux de la couche n° 3.

Le synclinal tracé se rapporte à la couche supérieure; il ne se superpose pas, ainsi qu'il vient d'être dit, au synclinal de la couche n° 2, que nous avons cru d'ailleurs superflu de figurer.

L'ensemble des coupes 1, 2, 3, 4 de la planche X fait connaître l'allure des *c. Région Wilson.* gisements de cette partie de la concession de Montchanin. Ces coupes et le plan d'ensemble montrent qu'au voisinage des Grès rouges, les gîtes affectent la forme d'amas très irréguliers, tandis qu'à une certaine distance de cette limite, on rencontre une couche assez bien réglée, appelée couche Wilson.

On a généralement, jusqu'ici, considéré les amas comme constituant des gîtes différents de la couche Wilson. Nous avons, dans nos coupes, admis qu'on n'avait affaire qu'à une seule et même couche plissée et dont le pli serait déversé sur le synclinal. Nous indiquerons plus loin les raisons qui nous paraissent justifier cette hypothèse.

De même, dans la coupe n° 2, nous avons admis que les trois veines rencontrées à peu de profondeur au-dessous de la surface, par le travers bancs de la cheminée des Mésarmes, ne constituaient pas trois gîtes différents, mais une seule couche fortement plissée. C'est cette couche que le puits des Mésarnes aurait rencontrée à la partie supérieure du fonçage.

Même hypothèse a été admise, dans la coupe n° 4, pour les gîtes supérieurs du puits Wilson.

Ces coupes admettent toutes le déversement du Houiller sur le Grès rouge ; le fait a été constaté matériellement dans le fonçage des puits de Ségur, du puits Wilson et du puits Soret. Ces puits, après avoir traversé diverses assises houillères, ont pénétré dans le terrain rouge permien. (Voir coupe 1 2 ci-contre du puits Soret et coupe par les puits Saint-Vincent, Quétel et de Ségur.)

On avait, dans le passé, admis que les couches de Longpendu étaient différentes de celles de Montchanin et inférieures à ces dernières. Cette opinion était basée principalement sur le fait qu'à Longpendu on a affaire à une série de couches minces, tandis qu'à Montchanin, dans la région Quétel et de Boulogne, qui est limitrophe de Longpendu, on ne rencontrait que des amas présentant parfois une grande puissance.

. Une faille longitudinale importante, qu'on appelait faille médiane, séparait le district de Montchanin de celui de Longpendu.

Le puits Saint-Vincent fut foncé en vue de la recherche du faisceau de Longpendu. L'insuccès de cette tentative amena alors à reconnaître que les couches de Longpendu n'étaient autres que celles de Montchanin, et que l'intercalation des barres, augmentant progressivement de puissance, avait transformé la grande couche Quétel en une série de couches distinctes. M. Raymond s'est efforcé de montrer comment les théories de M. Fayol sur la formation de la houille permettaient d'expliquer les faits observés [1].

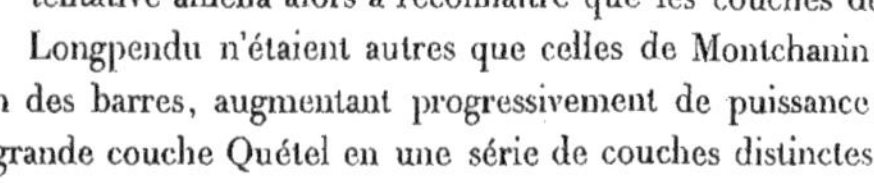

Fig. 12.

Classification des couches.

Il reste encore à établir un parallèle entre les couches de Montceau et celles de Montchanin et de Longpendu. C'est la question que nous allons essayer de résoudre.

Les schistes situés au mur de la couche rencontrée à la partie supérieure du puits des Mésarnes ont fourni de nombreuses empreintes végétales identiques à celles qui accompagnent à Montceau la couche n° 1. On aurait donc là l'équivalent de cette dernière couche, et les gîtes très plissés qui existent à une faible

---

[1] *Bull. de la Société géologique de France*, t. XVI, 3ᵉ série, page 1029.

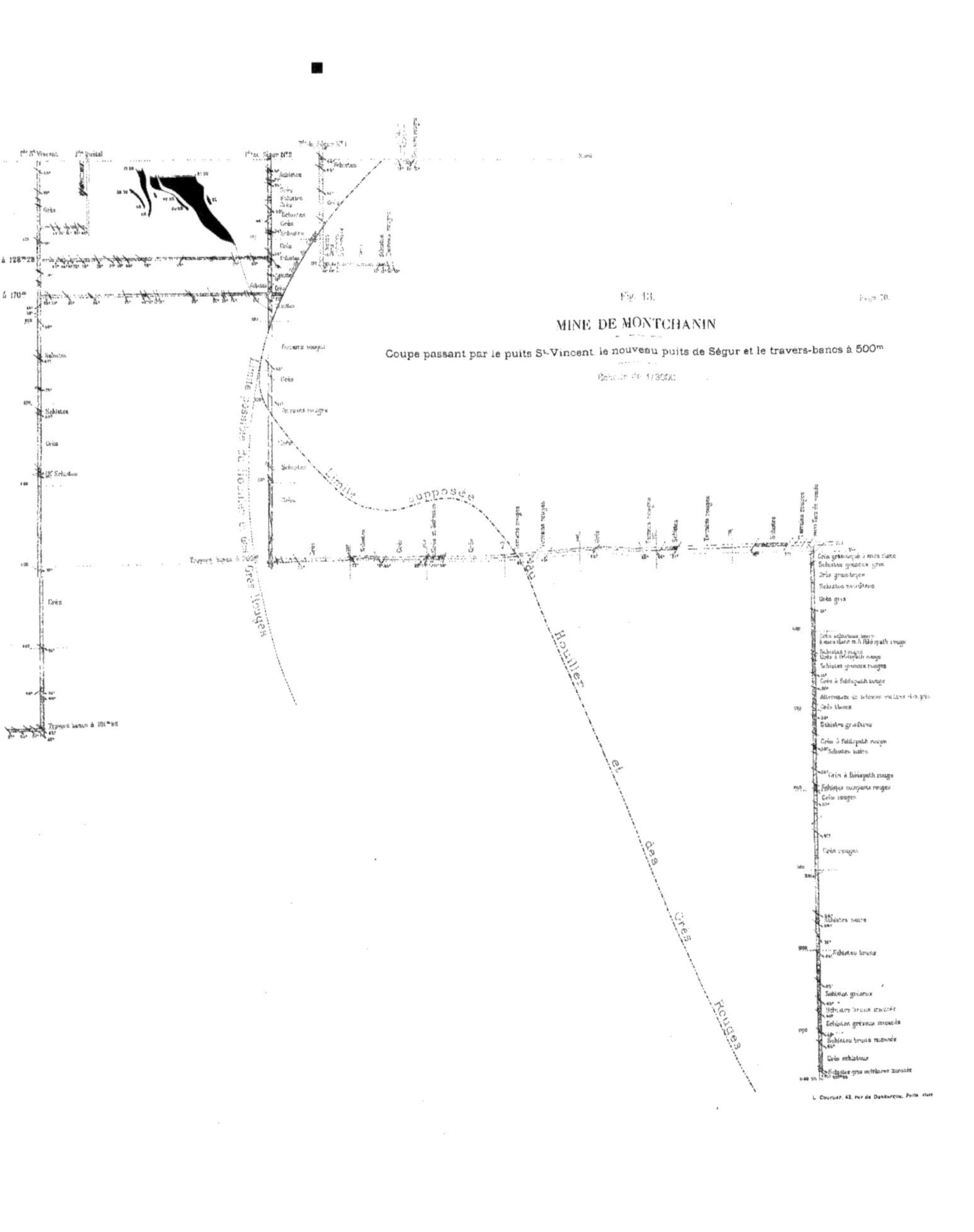

MINE DE MONTCHANIN

Coupe passant par le puits St-Vincent, le nouveau puits de Ségur et le travers-bancs à 500m

profondeur, dans la région des puits Soret et Wilson, représenteraient également la couche n° 1.

La couche, dite « Wilson », serait alors la couche n° 2 de Montceau; elle a d'ailleurs, comme cette dernière, la particularité d'être accompagnée de sous-couches en plus ou moins grand nombre; on a jadis signalé la présence, à son toit, de schistes dans lesquels on aurait trouvé des écailles de poissons. Cette couche se retrouverait au puits Quétel, où elle constituerait le grand amas de ce nom, les amas des puits de la Grille, du Bois et de Boulogne. La couche n° 1 n'existerait pas dans cette dernière région, elle aurait été enlevée par les érosions.

A Longpendu, la couche supérieure du puits Louise serait la couche n° 1, caractérisée en cette région par la présence, au toit, d'une bande argileuse blanche de 0 m. 40 d'épaisseur, et au mur, d'écailles de poissons et de coprolites. L'ensemble de la couche n° 2 et de ses sous-couches serait représenté par le groupe des couches n°ˢ 1, 2, 3, 4 et 5.

La couche n° 4 pourrait être représentée, à Longpendu, par la couche rencontrée au puits Louise à la profondeur de 346 mètres, et recoupée, en outre, sur une épaisseur un peu plus grande, par le travers bancs ouvert au niveau de 351 mètres.

Cette couche n° 4 serait probablement représentée dans la région Quétel par la veine de 1 m. 60 rencontrée, au puits Saint-Vincent, par le travers bancs du niveau de 130 mètres.

Dans le district Wilson, aucun fonçage n'a été poussé assez profondément pour arriver au niveau de la couche n° 4.

L'allure des gisements à Longpendu et à Montchanin a été considérée pendant longtemps comme assez énigmatique, et n'obéissant à aucune loi apparente.

Nous avons été amené à penser qu'il était possible d'expliquer assez simplement cette allure, en ne faisant intervenir que des phénomènes peu complexes.

Les gîtes seraient essentiellement affectés par des plissements longitudinaux comprenant deux anticlinaux et un synclinal intermédiaire.

Un premier anticlinal s'étendrait d'un bout à l'autre des travaux; il est bien marqué dans les coupes 1 et 4 de la région Wilson, dans la région Quétel, et si les travaux ne l'ont pas mis en évidence à Longpendu, le raplatissement des couches dans la direction Sud laisse suffisamment deviner la proximité de cette dorsale.

Cet anticlinal est accompagné, au Nord, d'un synclinal qui est bien dessiné à Longpendu; ce synclinal vient buter contre la limite des Grès rouges et disparaît pour réapparaître, sur une petite étendue, dans la région Quétel, et c'est lui qui donnerait à l'amas Quétel cette forme de botte qui avait jadis étonné les premiers exploitants; il disparaîtrait à nouveau, entamé par le Grès rouge, avant le puits de la Grille.

Dans la région Wilson, on n'a nulle part constaté matériellement, par les travaux, le prolongement de ce synclinal. Cependant l'examen des coupes 2 et 4 rend bien vraisemblable cette disposition pour la couche supérieure, et la coupe 3 montre que la couche située au Nord paraît bien se renverser pour venir se réunir en profondeur à la couche qui existe au Sud.

Ajoutons, d'ailleurs, qu'il est assez logique d'admettre que la disposition en fond de cuvette, si nettement constatée à Longpendu, se poursuit également à Montchanin et qu'on n'a affaire ainsi, dans toute l'étendue des travaux, qu'à un seul et même phénomène.

Nous avons donc admis dans nos diverses coupes l'existence de ce synclinal.

L'anticlinal situé au Nord de ce synclinal, très nettement accusé dans la région de Longpendu, n'existerait plus dans la région Quétel, et dans le district Wilson il n'apparaîtrait que dans la couche supérieure; celui que devait former la couche inférieure n'existerait plus sur certains points, les Grès rouges occupant alors la place où il devrait se trouver.

Nous ajouterons que, dans la région Wilson, le plissement serait plus accentué que dans la région de Longpendu; pareil résultat ne doit pas surprendre, attendu que le Houiller y a été soumis à des poussées latérales intenses, sur lesquelles nous reviendrons plus loin, et qui ont amené le déversement du Houiller sur le Grès rouge.

Le thalweg du synclinal de Longpendu et l'arête de l'anticlinal qui l'accompagne au Nord ont, du côté de l'Est, une plongée accentuée que le plan d'ensemble des travaux met bien en évidence.

La même plongée existe pour le synclinal de la région Quétel; elle a pour effet de faire affleurer au Nord-Ouest du puits Quétel la couche principale et de ne laisser affleurer à l'Est du puits de la Grille que les couches du mur.

En face et à l'Ouest du puits de la Grille, les résultats mentionnés sur le plan, d'après des travaux déjà anciens, sont si peu clairs, on y a figuré des amas à contours si étranges, qu'il est difficile de démêler ce qui se passe dans cette région. Nous ne serions pas étonné cependant qu'il y eût entre Quétel et la Grille une dorsale, de chaque côté de laquelle les couches auraient des plongées

différentes, et qui aurait pour résultat de faire réapparaître la grande couche
en face du puits de la Grille.

Il y a là une région qui a été insuffisamment explorée, qui peut contenir
encore des richesses appréciables, et dans laquelle on sera probablement amené
un jour à ouvrir de nouveaux travaux. On pourra mieux alors reconnaître la
véritable allure des gisements.

Dans la région Wilson, il est difficile de dire avec certitude, vu l'insuffi-
sance des constatations matérielles, dans quel sens plonge le thalweg du synclinal. Elle semble d'ailleurs être peu accentuée, à en juger par l'allure générale des travaux.

Les gisements de Montchanin et de Longpendu ne semblent pas être affectés   Failles.
par des failles importantes : ce sont les plissements qui jouent le rôle capital.

Cependant il peut y avoir trois régions où l'existence de failles de décro-
chement serait admissible. Le plan d'ensemble montre que les travaux du
puits de Boulogne sont descendus jusqu'à la profondeur de 182 mètres, tandis
qu'à l'Est du puits Saint-Martin ils n'ont pas dépassé 110 mètres avant de
venir buter contre le Grès rouge. Il faut donc admettre, en ce point, soit
une brusque déviation des Grès rouges, soit la présence d'une faille transversale plongeant au Sud-Est et antérieure au dépôt du Grès rouge. Nous avons
adopté, sur le plan, la première hypothèse, mais la deuxième peut fort bien
être conforme à la réalité.

Dans la région Wilson, la couche supérieure et la couche inférieure paraissent être interrompues brusquement à moitié distance environ entre le puits
Wilson et le puits de la Grille : la couche supérieure n'affleure plus dans la
région de la Grille; il semblerait donc y avoir, en cet endroit, une faille transversale rejetant les couches en profondeur du côté de l'Ouest. Toutefois il y
a trop d'incertitude sur les anciens travaux pour que nous ayons cru pouvoir
considérer l'existence de cet accident comme assez bien établie pour être
figurée sur le plan d'ensemble.

Nous sommes encore conduit à admettre, à l'Est des travaux du puits Louise, soit
une faille, soit un assez important relèvement des couches. Un sondage situé au
Sud-Est du puits Sainte-Barbe a été poussé jusqu'à la profondeur de 546 mètres
sans rencontrer la moindre trace de couche de houille; ce forage était placé
cependant à peu près suivant le prolongement du thalweg du synclinal. D'autre
part, aux Fauches et à Longpendu même, près de la limite des Fauches, on
trouve des affleurements de couches qui appartiennent au faisceau de Long-

pendu. Étant données les plongées des assises dans la région du puits Louise, il faut une faille ou un relèvement accentué pour que les couches affleurent au puits Montaigu et aux Fauches aussi près de la limite des Grès rouges.

Zones inexplorées. En tout cas, on peut dire qu'il y a, dans la partie Est de la concession de Longpendu, une zone assez étendue dans laquelle l'allure des couches est encore inconnue.

La partie Ouest de la concession de Montchanin est également inexplorée.

Des recherches ont été opérées près de la limite séparative du Ragny et de Montchanin; on a trouvé, par les puits Valentin et du Gratoux, de la Compagnie de Blanzy, des couches situées toutes à côté de la limite des Grès rouges.

D'autre part, le travers bancs du niveau de 200 mètres du puits du Gratoux a recoupé, à 200 mètres du puits, une couche affectée par un anticlinal comme au travers bancs du puits des Mésarmes, et on est naturellement tenté d'assimiler la coupe du Gratoux à celle des Mésarmes. On aurait, dans cette hypothèse, la même disposition pour les gisements situés entre les Mésarmes et le Gratoux. Mais, en somme, il faudrait, avec des formations aussi tourmentées, des travaux plus importants pour asseoir une opinion.

Indépendance du Houiller et du Grès rouge. L'examen des plans et coupes montre que les plissements houillers, synclinaux et anticlinaux, sont coupés d'une façon absolument quelconque par la limite séparative du Houiller et du Grès rouge.

A Longpendu, dans la région Est, on observe un synclinal et un anticlinal; dans la partie Ouest, on ne retrouve plus que le synclinal; enfin, à Quétel, le synclinal lui-même a fait, en partie, place aux Grès rouges.

Le Grès rouge est en contact avec des assises houillères appartenant à des niveaux différents : à Longpendu, on trouve, à la limite séparative, la couche supérieure ou couche n° 1; à Quétel, il n'y a que la couche n° 2, puis, dans la région Wilson et des Mésarmes, la couche n° 1 revient buter contre le Grès rouge.

Il est à noter également que, dans les nombreux travers bancs qui ont pénétré du Houiller dans le Grès rouge, on n'a jamais ou presque jamais figuré de faille à la limite séparative des deux formations. Le plus généralement on a même été assez embarrassé pour savoir où passait cette limite.

Le Grès rouge présente donc, à Montchanin et à Longpendu, une allure très indépendante de celle du Houiller.

Déversement du Houiller sur le Grès rouge. La coupe ci-dessus du puits Soret (fig. 12) montre nettement le déversement du Houiller sur le Grès rouge. Pareil fait a été observé au puits Wilson et au puits de Ségur. A Longpendu, au contraire, le contact du Grès rouge et du Houiller a lieu suivant une surface plongeant au Nord-Ouest.

Le déversement paraît commencer vers les puits de Boulogne et du Bois. L'affleurement de la ligne de contact des deux terrains subit en effet, dans cette partie, une notable déviation par rapport à la direction qu'elle affecte dans toute la partie Nord-Est des concessions, et le charriage du terrain houiller a dû amener le rejet vers le Nord de la ligne séparative du Houiller et du Grès rouge.

Ce déversement paraît se poursuivre d'ailleurs sur toute l'étendue de la concession jusqu'au puits des Mésarmes, et peut-être au delà.

Il serait intéressant de savoir jusqu'à quelle profondeur s'étend ce déversement et de voir si ce dernier n'est pas seulement superficiel, ainsi qu'on est, de prime abord, tenté de le supposer.

L'ensemble très important des recherches effectuées par le puits de Ségur aurait pu fournir sur cette question des indications utiles.

La coupe ci-dessus (fig. 13), qui relate tous les travaux des recherches des puits Saint-Vincent, Quétel, de Ségur n° 1, de Ségur n° 2, montre que ces deux derniers puits ont rencontré le Grès rouge au-dessus du Houiller; la surface de séparation présentait une inclinaison d'environ 35 degrés sur la verticale.

Le puits de Ségur n° 2 a rencontré ensuite, à partir de la profondeur d'environ 370 mètres, des terrains de grès et de schistes qui ont été attribués au terrain houiller. Un poisson fossile a été rencontré dans ces schistes à la profondeur de 440 mètres, au Nord du joint que mentionne la coupe du puits.

Un travers bancs de 727 mètres de longueur, partant du fond du puits à la profondeur de 500 mètres, a recoupé, sur une longueur d'environ 300 mètres, des terrains de grès et de schistes très disloqués et présentant des pendages variables; ces assises ont été classées dans le Houiller; les quelques empreintes de plantes trouvées à 223 mètres de distance du puits sembleraient d'ailleurs justifier cette assimilation.

Le travers bancs a ensuite rencontré des assises rouges plongeant au Sud; un sondage de 656 mètres de profondeur, exécuté à l'extrémité du travers bancs, a recoupé d'abord des assises de couleur rouge, puis, à partir de la profondeur d'environ 400 mètres, des terrains gris ou noirs.

La plongée des assises, d'après les indications du carnet de sondage, d'abord la même que celle observée dans le travers bancs, serait ensuite devenue inverse.

Les schistes micacés rencontrés à la partie inférieure du sondage semblent devoir être rangés dans le Permien (Autunien); la ligne de séparation du Houiller et du Permien aurait donc la disposition assez irrégulière figurée dans la coupe. Toutefois il convient de dire que cette disposition, qui est celle admise par les exploitants, présente nécessairement, vu l'absence de points de repère certains, un caractère assez hypothétique.

Il ne serait pas impossible, par exemple, que le puits de Ségur fût tout entier dans le Permien, et que la ligne de contact fût analogue à celle figurée en pointillé sur la coupe.

Grande profondeur du terrain ancien dans la région de Ségur.

Il y a d'ailleurs un fait assez important qui ressort de ces recherches, c'est que la profondeur des terrains anciens au sondage de Ségur dépasse 1,150 mètres. On est, semble-t-il, en droit de penser que le Houiller, qui ne peut être situé qu'à peu de distance au S.E., atteint ou dépasse également cette profondeur. Le puits Saint-Vincent aurait donc une distance importante à franchir avant d'atteindre les assises de base du Houiller.

C. MINES DES FAUCHES.

(Concession instituée le 6 octobre 1832. — Superficie : 575 hectares.)

Considérations générales.

La concession des Fauches renferme une bande houillère d'environ 2,200 mètres de longueur; la largeur de cette bande est en moyenne de 700 à 800 mètres. Une largeur aussi réduite est en général peu favorable à l'existence de richesses minérales importantes.

La concession des Fauches a été, en somme, l'objet de travaux assez restreints. Une première tentative un peu sérieuse de mise en valeur a été effectuée, de 1857 à 1878, par la Société des forges de Franche-Comté, qui avait amodié la mine. En 1895, une reprise des travaux a été opérée par de, nouveaux amodiataires, MM. Vouillon et Vernet.

Constitution et allure des gisements.

Les plans anciens et les plans nouveaux permettent difficilement de se faire une opinion un peu exacte sur l'allure du gîte, d'autant qu'ils ont porté, en somme, sur une étendue assez restreinte. Ces travaux sont reproduits sur la planche X concernant les mines de Montchanin et de Longpendu.

Le document le plus intéressant est incontestablement celui fourni par une coupe par les puits de Breuil et Sainte-Marie, dressée par les exploitants anciens.

Cette coupe, que nous reproduisons ci-après (fig. 14), montre que le puits

Fig. 14.
Page 76.
COUPE PAR LES PUITS DU BREUIL ET Ste-MARIE
Echelle 2/3000

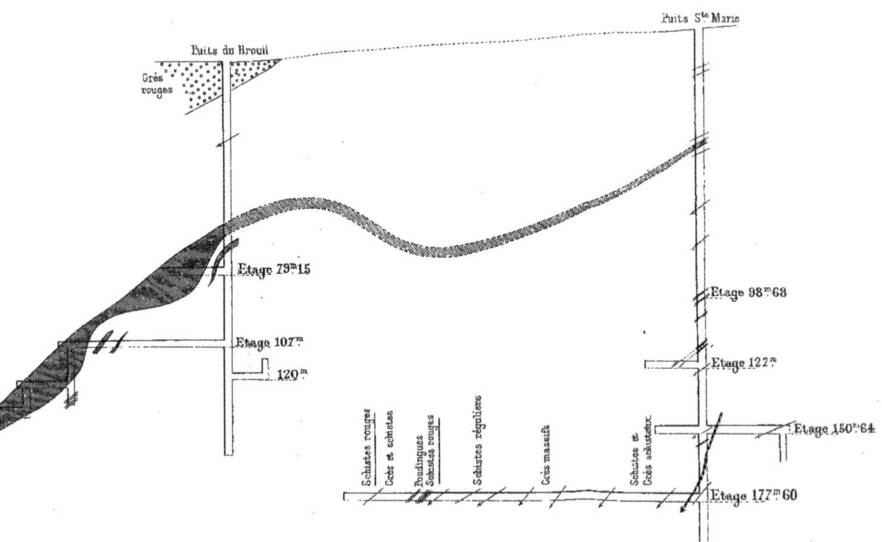

Puits Ste Marie
Puits du Breuil
Grés rouges
Etage 79m15
Etage 98m68
Etage 107m
120m
Etage 122m
Etage 150m64
Etage 177m60
Schistes rouges
Grès et schistes
Poudingues Schistes rouges
Schistes réguliers
Grès massifs
Schistes et Grès schisteux

Sainte-Marie a recoupé quatre couches aux profondeurs respectives de 44, 98, 117 et 155 mètres.

La première couche, de 0 m. 90 d'épaisseur environ dans le puits, a été explorée en direction, et les allongements sont venus se raccorder avec ceux ouverts par le puits de Breuil, dont nous parlerons plus loin.

La deuxième couche a été également suivie en direction au niveau de 98, mais le gîte s'est montré peu avantageux et les explorations ont été définitivement arrêtées, en 1860, après avoir atteint un développement d'environ 150 mètres.

La troisième couche n'a motivé que des allongements en direction, d'une dizaine de mètres, à partir du travers bancs ouvert au niveau de 127.

La quatrième couche a été considérée comme trop mince pour motiver des explorations.

Le puits de Breuil a traversé d'abord environ 10 mètres de Permien rouge avant d'entrer dans le Houiller, puis il a recoupé, vers 60 mètres, une couche présentant une épaisseur d'environ 5 mètres. Cette couche a été explorée ou exploitée par travers bancs et par bures entre le niveau de 60 mètres et celui de 135 mètres. Elle a affecté, comme le montre la coupe, une forme en chapelet, mais a présenté, en somme, une puissance notable. Une ou deux sous-couches ont été en outre rencontrées par les travers bancs. Cette couche est bien la première couche du puits Sainte Marie ; elle présente, comme cette dernière, le caractère d'avoir une barre blanche au toit. En outre, les travaux des deux puits ayant communiqué, aucun doute ne saurait subsister sur cette assimilation. Il y a lieu toutefois de retenir de cette constatation le fait de l'augmentation rapide d'épaisseur du gîte en s'éloignant du puits Sainte-Marie.

Au puits Sainte-Marie, on a exécuté, au niveau de 177,60, un travers bancs destiné à recouper les couches 2 et 3 rencontrées dans le fonçage. Les résultats obtenus ont été fort singuliers ; non seulement on n'a pas rencontré de couches de houille, mais on a, à 100 mètres environ du puits, traversé deux bancs de schistes rouges ayant 0 m. 80 et 0 m. 90 d'épaisseur, et l'avancement, à 130 mètres du puits, a été arrêté dans des schistes rouges. Pareils bancs n'avaient pas été rencontrés dans le fonçage du puits Sainte-Marie.

Il y a là un fait assez exceptionnel : ces schistes rouges seraient-ils Permiens et le Houiller du puits de Breuil serait-il déversé sous le Permien ? La coupe, qui est ancienne, ne serait-elle pas exacte ? Ou bien encore y aurait-il en ce point, dans le Houiller, des schistes localement rouges, comme le fait s'est produit pour des grès houillers à Saint-Bérain et au Ragny? Ce sont là des questions dont la solution ne peut être actuellement donnée. Les exploitants seront forcément conduits bientôt à foncer le puits du Breuil pour rechercher les couches inférieures, qu'ils peuvent logiquement espérer rencontrer avec des épaisseurs supérieures à celles constatées au puits Sainte-Marie. Ils ne tarderont pas à voir si le Houiller du puits de Breuil est déversé sur le Grès rouge. Au cas où pareille éventualité, qui serait d'ailleurs assez extraordinaire, se trouverait réalisée, l'avenir de l'exploitation serait assurément assez limité.

Classification des couches.

On a généralement admis jusqu'à présent que la couche n° 1 des puits Sainte-Marie et de Breuil représentait la couche supérieure de Longpendu, à cause de la présence d'une barre blanche qui existe au toit de cette couche, à Longpendu comme aux Fauches. Cette assimilation peut, faute d'autres données plus positives, être considérée comme vraisemblable.

Les autres couches du puits Sainte-Marie correspondraient alors aux couches du faisceau de Longpendu.

D. MINES DE SAINT-BÉRAIN.

Concession instituée le 13 ventôse an v. — (Superficie : 12,000 hectares.)

Cette concession renferme une bande houillère dont la longueur est de 12 kilom. 500; la largeur est très variable : réduite à 300 mètres près du hameau de Dheune, elle atteint 1,100 ou 1,200 mètres à l'Est de Saint-Bérain.

Les gîtes ont été explorés sur une étendue d'environ 5 kilom. 1/2 entre le hameau de la Gagère et celui de Chamard. De nombreux travaux par puits et travers bancs y ont été poursuivis et ont permis de reconnaître l'allure et la constitution du terrain houiller.

Constitution de la formation.

Les recherches précitées, et notamment celles exécutées par le puits du Parc et le puits Saint-Léger, permettent de classer comme suit les diverses assises de la formation :

1° Contre la lisière des terrains anciens *grès et poudingues* rencontrés par le travers bancs Sud du puits du Parc. Ces grès et poudingues s'observent à la surface du sol, au Sud de Vellerot et de l'ancien puits de la Giraudaire. On les voit également près des anciens travaux de la Gagère où un anticlinal les fait apparaître au jour;

2° *Faisceau schisteux et charbonneux de la Gagère.* — Le travers bancs Sud du puits du Parc a montré la présence d'un faisceau principalement schisteux de 5o mètres d'épaisseur environ; il renferme trois veinules de houille sans importance et une petite couche de o m. 4o de charbon de bonne qualité. Cette couche paraît être la même que celle rencontrée à la Gagère, à l'ancien puits de recherches situé au Nord du hameau des Denizots, au puits de la Giraudaire et à celui de Charost. Elle n'a été exploitée qu'à la Gagère à une époque d'ailleurs assez ancienne;

3° *Grès et poudingues avec prédominance de poudingues.* — Cette formation, qui a une épaisseur d'environ 2oo mètres, a été recoupée par le travers bancs Sud du puits du Parc. Elle s'observe également au jour dans les chemins creux du hameau de Vellerot. Nous avons rangé dans cette formation un escarpement boisé, situé en face de l'ancien puits des Carrières et dominant une petite vallée. On y observe des blocs de granite de grandes dimensions qui pourraient faire penser à l'existence, en ce point, d'un pointement granitique;

4° *Faisceau charbonneux des Carrières.* — Ce faisceau, qui a environ 5o mètres en moyenne de puissance, renferme deux couches. Ces dernières sont très rapprochées dans la région du puits du Parc (1o m.), mais leur intervalle atteint ou dépasse 4o mètres dans la région des Carrières. La couche inférieure est la plus importante; sa puissance peut atteindre 2 mètres, mais elle est affectée par de nombreux serrements. Le charbon est d'ailleurs assez fréquemment schisteux. Elle a été l'objet de travaux étendus aux puits du Parc, Saint-Louis, de la Vigne et des Carrières. Elle paraît avoir également constitué le gîte autrefois exploité au puits de la Molière. La couche supérieure n'a motivé que des travaux sans importance;

5° *Grès rougeâtres.* — Des grès rougeâtres, rappelant parfois les grès rouges permiens, ont été rencontrés dans le travers bancs Nord du puits du Parc. On les observe à la surface du sol, dans les tranchées de la route, avant d'arriver au puits Saint-Louis, et on les suit jusqu'à une distance de 3oo ou 4oo mètres au delà du puits des Carrières. On les a exploités activement autrefois dans de nombreuses carrières ouvertes sur le mamelon de la Molière.

Cette formation, qui constitue un niveau géologique intéressant, a une épaisseur d'environ 8o à 1oo mètres;

6° *Faisceau des couches de la Charbonnière.* — Le travers bancs Nord du puits du Parc a rencontré, au-dessus des grès rougeâtres, un faisceau comprenant trois couches réparties sur une épaisseur de 20 mètres, et ayant respectivement comme puissances o m. 70, 1 m. 70 et 1 m. 80.

La coupe du puits de la Charbonnière montre également trois couches réparties sur une épaisseur d'environ 20 mètres et ayant comme puissance 1 m. 20, o m. 70 et 1 m. 3o. Les couches inférieures contiennent du charbon schisteux, tandis que la couche supérieure donne du charbon de meilleure qualité, se divisant en fragments réguliers.

Ces couches se retrouvent au quartier du Bois Perrot; elles y ont été exploitées sous le nom de couches du Bois-Perrot. La coupe passant par le travers bancs du puits Saint-Léger n° 1 montre que le faisceau comprend deux couches, dont une, celle inférieure, est assez barrée.

Ces couches paraissent avoir été également recoupées au nombre de trois, au puits Notre-Dame par des travers bancs, et à peu de distance de la limite des Grès rouges. Elles y étaient inexploitables; leur plongée était d'ailleurs très forte.

Ce faisceau de la Charbonnière a une épaisseur qui varie de 20 à 5o mètres;

7° *Grès fins et schisteux.* — Cet étage, constitué par des grès fins alternant avec quelques schistes, a été recoupé par le travers bancs Sud du puits Saint-Léger et le travers bancs Nord du puits du Parc. Il a une puissance d'environ 120 mètres.

Dans la région du Parc, les schistes deviennent parfois charbonneux;

8° *Faisceau de Saint-Léger.* — A la base de ce faisceau, on trouve deux couches minces, de 1 mètre à 1 m. 5o d'épaisseur, séparées par un intervalle variant de 5 à 20 mètres. Ces couches, qu'on a exploitées dans la région Saint-Léger, ont été appelées *couches Intermédiaires*. On les retrouve dans le travers bancs du puits du Parc, et il y a lieu de leur assimiler la couche dite des *Quatre Bras*.

Au-dessus de ces couches, on observe, sur une hauteur d'environ 5o mètres, une alternance de grès fins et de schistes, puis viennent les deux couches dites *Couches de Saint-Léger*, l'une, dite *Petite couche*, épaisse de 1 mètre environ, l'autre, dite *Grande couche*, atteignant 2 mètres d'épaisseur.

Elles sont parfois assez rapprochées pour ne former presque qu'un seul gîte; dans d'autres cas, elles sont séparées par un intervalle d'une dizaine de mètres. Elles ont été autrefois activement exploitées.

Au-dessus de ces couches, on a rencontré, dans le fonçage du puits Saint-Léger, une puissante formation de schistes de 120 mètres d'épaisseur, ne renfermant que quelques rares bancs de grès. Ces schistes contenaient de nombreuses empreintes de plantes.

Les exploitants avaient admis l'existence, au-dessus des couches de Saint-Léger, d'autres couches qu'ils avaient appelées *Couches des Clos*, parce qu'elles avaient été exploitées par l'ancien puits des Clos. Elles auraient été recoupées par le travers bancs Nord du puits Saint-Léger. Nous sommes disposé à croire que ces couches pourraient bien être celles de Saint-Léger ramenées au niveau

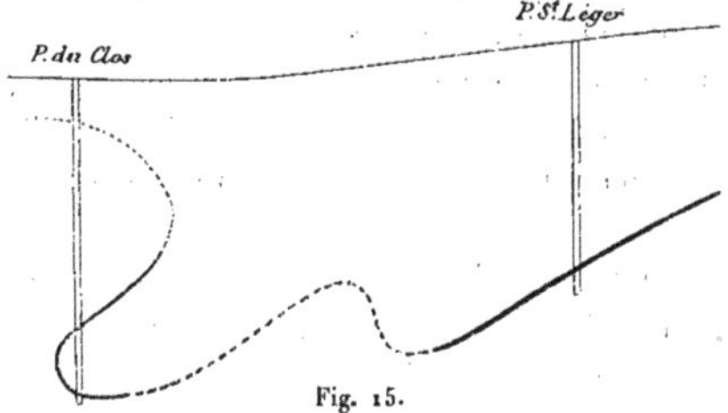

Fig. 15.

du travers bancs par un synclinal et un anticlinal, ainsi qu'il a été figuré sur la coupe passant par le puits Saint-Léger (planche XII). Le puits Saint-Léger n'a rencontré, en effet, aucun gîte au-dessus des couches de Saint-Léger; d'autre part, la coupe du puits des Clos mentionne que la couche rencontrée forme un pli couché. Nous sommes donc disposé à penser qu'une coupe passant par les puits Saint-Léger et du Clos pourrait être représentée par le croquis schématique ci-contre. La couche aurait été rencontrée une première fois par le puits des Clos dans une partie où elle était amincie et méconnaissable.

Si on résume les indications qui viennent d'être données, on peut établir comme il suit la classification des gîtes houillers de Saint-Bérain :

Résumé sur la constitution de la formation.

Zone supérieure. — Faisceau schisteux de Saint-Léger avec 4 couches de houille dans la partie inférieure; épaisseur, 200 mètres.

Zone médiane. — Principalement constituée par des grès généralement assez fins; ces derniers deviennent rougeâtres dans la partie moyenne de la zone. Au milieu de cette zone, faisceau des 3 couches de la Charbonnière. A la base, faisceau des couches des Carrières. Épaisseur, 250 à 300 mètres.

Zone inférieure. — Constituée surtout par des grès grossiers et des poudingues, avec les gisements de la Gagère à la base. Épaisseur, 300 mètres.

Au-dessous vient une série de grès et poudingues d'épaisseur inconnue.

Classification des couches.

Les couches de houille reconnues seraient ainsi réparties sur une hauteur de 500 à 600 mètres. Elles sont d'ailleurs toujours assez minces.

Les couches de Saint-Léger paraissent, à cause de la flore qui accompagne les schistes, représenter les couches supérieures exploitées à Montceau et à Longpendu; les couches inférieures de Saint-Bérain, celles de la Gagère, situées à 500 ou 600 mètres au-dessous de celles de Saint-Léger, représentent probablement les dernières couches de la formation, et il est présumable qu'il n'y a plus bas que la puissante formation de grès et poudingues reconnue à Montceau et à Montchanin. Ce n'est qu'à la base de cette dernière qu'il y aurait peut-être, ainsi qu'il sera dit ultérieurement, la possibilité de rencontrer un nouveau faisceau houiller plus ancien.

L'ensemble constitué par les couches de la Charbonnière et des Carrières réprésente vraisemblablement le faisceau des couches 1, 2, 3, 4, 5 de Longpendu, qui représenterait lui-même le faisceau des couches 2 et 3 de Montceau.

Les charbons de Saint-Bérain appartiennent tous à la catégorie des charbons flambants; leur teneur en matières volatiles est comprise, cendres déduites, entre 33 p. 100 et 45 p. 100.

Accidents. Plissements.

Le plan et les coupes de la planche XII figurent les principaux travaux effectués, la position connue ou présumée des affleurements, l'allure des couches et les accidents qui les affectent.

Nous nous bornerons à présenter à ce sujet les observations suivantes :

Les quartiers d'exploitation, portant sur les diverses couches, sont d'étendue limitée et séparés par des intervalles assez larges; les gîtes affectent donc l'allure dite *en chapelet.*

A l'Est du puits Saint-Léger, les couches se dirigent vers la lisière des terrains anciens et se schistifient assez rapidement. Cette schistification commence d'ailleurs plus tôt pour les couches inférieures que pour les couches supérieures. Aucune exploration n'a été opérée dans cette partie Est de la concession, qui se prète d'ailleurs mal, par suite de la présence de forèts, à des reconnaissances géologiques.

Dans le quartier de la Gagère, on a nettement reconnu, par les travaux anciens, l'existence d'un synclinal accompagné d'un anticlinal légèrement déversé sur lui. Une coupe dans cette région serait représentée par la figure schématique ci-dessous :

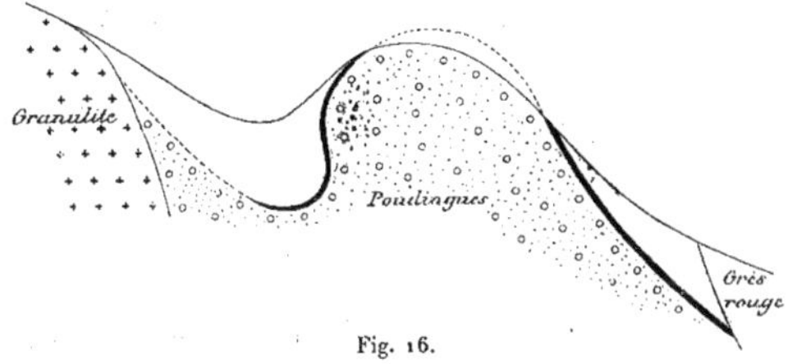

Fig. 16.

Il est probable que semblable disposition existe également sur d'autres points de la bordure; la faible inclinaison des couches dans la région des Carrières, leur presque horizontalité à l'amont pendage des puits Saint-Léger, semblent, en effet, indiquer le voisinage d'un anticlinal.

Nous sommes donc disposé à penser qu'une coupe des gisements, dans la partie où le Houiller a sa largeur maximum, pourrait être représentée par la figure schématique ci-dessous :

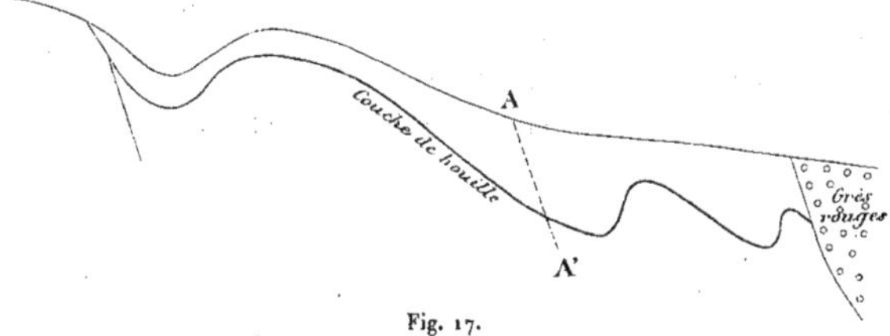

Fig. 17.

Sur les points où les Grès rouges se rapprochent davantage de la bordure granitique, le contact du Houiller avec les Grès rouges aurait lieu suivant une ligne telle que A A'.

Indépendance
du Houiller
et du Grès rouge.

L'examen du plan d'ensemble de la planche XII montre que le Grès rouge est successivement en contact avec des assises houillères appartenant à des niveaux très différents; au Sud-Ouest de la concession, il est en contact avec la zone inférieure de la Gagère; au milieu, avec la zone moyenne, et au Nord-Est, avec la zone supérieure.

La ligne de contact n'est nullement influencée par les accidents qui affectent le terrain houiller; ainsi elle coupe le synclinal qui passe entre le puits Saint-Léger et celui des Clos.

Les travers bancs qui ont pénétré dans les Grès rouges n'ont reconnu nulle part la présence d'une faille au contact des deux formations; la ligne de séparation a même, le plus généralement, été inaperçue, de telle sorte que ce n'est qu'approximativement qu'elle a été figurée sur les coupes.

E. Recherches de Charrecey.

Le terrain houiller se prolonge, vers l'Est, au delà de la concession de Saint-Bérain. Les affleurements se poursuivent jusqu'au delà de Charrecey, en face d'Aluze, où une faille amène brusquement le Calcaire à gryphées.

Sur la route de Mercurey à Charrecey, tout près de ce dernier village, une tranchée montre de nombreux affleurements de schistes noirs associés à quelques grès.

Vers 1854, des recherches furent entreprises, entre Charrecey et Aluze, sur une couche dont on avait découvert l'affleurement.

Quatre puits, ayant les profondeurs respectives de 18, 23, 30 et 70 mètres, explorèrent le gisement, mais ce dernier se montra irrégulier et n'avait pas plus de 0 m. 30 d'épaisseur moyenne. Aucun gîte exploitable n'ayant été découvert, la demande en concession fut repoussée.

Depuis cette époque, il n'a été effectué aucune autre tentative.

F. Mines de Perrecy.

(Concession instituée le 10 mars 1880. — Superficie : 3,929 hectares.)

Les gîtes reconnus appartiennent au Permien et au Houiller.

Couches
permiennes.

Les couches permiennes, les premières rencontrées et qui ont motivé l'institution de la concession, sont au nombre de deux. La première a été recoupée par le puits Romagne à la profondeur d'environ 182 mètres, avec une épaisseur de 2 à 3 mètres. Elle n'a donné lieu qu'à des explorations insignifiantes; elle était d'ailleurs très barrée.

La deuxième a été recoupée à la profondeur d'environ 292 mètres; elle a motivé des travaux qui ont duré une dizaine d'années.

Elle avait une épaisseur de 1 m. 70 à 1 m. 80; le charbon était très flambant, mais renfermait beaucoup de cendres. La teneur en cendres atteignait 30 à 35 p. 100.

Le travers bancs allant du puits de Romagne au puits n° 2 a recoupé d'abord la limite séparative du Permien et du Houiller, puis il a rencontré quatre petites couches; les deux premières ont été explorées pendant quelques années. La première couche avait une épaisseur de 0 m. 80; la deuxième avait 2 mètres à 2 m. 20, y compris les bancs schisteux. Le faisceau avait environ 70 mètres de puissance.

Couches
houillères.

Ces travaux ont été arrêtés à cause de l'irrégularité des gîtes et de la trop grande impureté du charbon. La houille de ces petites couches était d'ailleurs flambante.

Au mur, on a recoupé ensuite diverses veinules anthraciteuses réparties sur une épaisseur d'environ 60 mètres. Quatre ont été explorées, mais les travaux ont été rapidement abandonnés; les veines étant trop minces et les charbons trop barrés; la veinule la plus importante avait une épaisseur d'environ 1 m. 50.

A 100 ou 120 mètres, mesurés normalement aux gîtes, et au mur de ce faisceau de veinules anthraciteuses, on a trouvé une couche puissante (30 mètres d'épaisseur environ) de constitution irrégulière, à laquelle on peut assigner, en moyenne, la composition suivante :

Toit de grès blancs............................	//
Couche du toit...............................	$1^m 80$ à $2^m 50$
(Avec veine de schistes de 0 m. 25 située à 0 m. 40 ou 0 m. 50 du toit.)	
Schistes ou grès schisteux.....................	$2^m 50$ à $6^m 00$
	(parfois 12^m).
Couche du Centre.............................	8^m
(Barres nombreuses et irrégulières ayant au total une épaisseur d'environ 2 mètres.)	
Grès noirs...................................	$0^m 50$ a $6^m 00$
Couche du mur...............................	$1^m 20$ à $2^m 00$
(Couche peu barrée.)	
Schistes charbonneux.........................	$2^m 00$ à $3^m 00$
Grès et poudingues du mur..	//

Cette même couche a été recoupée par un travers bancs partant du puits n° 2 à la profondeur de 200 mètres (niveau de 230 par rapport à l'orifice du puits de Romagne); elle y a présenté une allure assez irrégulière, et la traversée a atteint une longueur de 60 à 70 mètres, bien que les bancs fussent en moyenne presque verticaux.

C'est très vraisemblablement aussi le même gîte qui a été rencontré dans le fonçage du puits n° 2, immédiatement au-dessous du Jurassique. La couche paraissait d'ailleurs y présenter une épaisseur réduite, résultat qui serait conforme à la règle, déjà énoncée, de l'appauvrissement progressif des couches à mesure qu'on se rapproche de la lisière du terrain ancien.

Le fonçage du puits n° 2, bien que poussé à 300 mètres, soit à 230 mètres au-dessous de la couche précitée, n'a rencontré qu'une petite veinule sans importance à la profondeur d'environ 205 mètres.

Classification
des couches.

Les exploitants admettent que les couches de charbon flambant correspondent aux couches supérieures de Montmaillot, que le faisceau des filets anthraciteux représente la couche n° 1 de Montmaillot et de Montceau, et que la grande couche correspond à la couche n° 2.

Cette assimilation nous parait assez rationnelle : la grande couche de Perrecy, avec sa forte épaisseur, les bancs nombreux qui la constituent, rappelle en effet l'ensemble de la couche n° 2 et des veines du mur qui l'accompagnent le plus souvent.

Travaux.
Accidents.

Les travaux d'exploitation portent exclusivement, depuis plusieurs années, sur cette grande couche. Le plan de la planche XIII, qui figure des tranches horizontales à trois niveaux différents, met bien en relief l'allure du gisement.

On voit qu'il est essentiellement affecté par des plissements transversaux importants; on n'y rencontre pas d'accidents longitudinaux. Ce plan nous parait assez clair pour qu'il soit superflu de fournir, dans le présent mémoire, des indications complémentaires sur l'allure des gisements.

Le puits de Romagne ou puits n° 1 a été remplacé, pour le service de l'extraction, par le puits n° 2, beaucoup plus rapproché de la voie ferrée. Il en résulte que les travaux d'exploitation vont se rapprocher de plus en plus de ce puits, c'est-à-dire de la bordure granitique. Cette circonstance n'est pas, en général, dans le bassin de Blanzy, favorable au point de vue de la puissance des gîtes et de la pureté des combustibles. Il y a, il est vrai, à cette règle, des exceptions, mais elles sont relativement peu nombreuses.

G. Recherches au Sud-Ouest de Perrecy

On a, en 1899 et 1900, effectué quatre sondages de recherches au delà de la limite Sud-Ouest de la concession de Perrecey.

Ces sondages ont été respectivement placés près des hameaux d'Usigny, de Fautrières, de Champeaux et de Morigny; leurs emplacements sont figurés sur la carte géologique du bassin.

Nous reproduisons ci-après les coupes de ces forages, en respectant les indications données sur le carnet de sondage.

Nous nous bornons à indiquer dans la dernière colonne la nature géologique probable des terrains traversés.

Coupes
de
divers sondages.

SONDAGE D'USIGNY.

PROFONDEUR.	ÉPAISSEUR.	NATURE DES TERRAINS.	NIVEAU GÉOLOGIQUE.
m. cent.	m. cent.		
3 10	3 10	Argiles et sables....................	
10 00	6 90	Sables et rognons de calcaire...........	
30 00	20 00	Marnes jaunes avec boules de calcaire.....	
57 75	27 75	Marnes bleu foncé....................	Lias.
65 00	7 25	Marnes grises et calcaire...............	
83 60	18 60	Calcaire gris dur (calcaire à gryphées).....	
84 60	1 00	Sables blancs........................	
97 00	12 40	Sables blancs........................	
98 20	1 20	Marne jaune........................	Infra-Lias et Rhétien.
102 00	3 80	Sable blanc.........................	
103 00	1 00	Marne jaune........................	
110 00	7 00	Marne rouge........................	Trias.
123 50	13 50	Grès rouge très dur...................	
147 50	24 00	Grès rose..........................	
150 00	2 50	Grès rose très dur....................	
153 50	3 50	Grès rose plus tendre.................	Gneiss.
162 70	9 20	Grès très dur (probablement Gneiss)......	
172 77	10 07	Gneiss (2 carottes de gneiss ont été extraites).	

SONDAGE DE FAUTRIÈRES.

PROFONDEUR.	ÉPAISSEUR.	NATURE DES TERRAINS.	NIVEAU GÉOLOGIQUE.
m. cent.	m. cent.		
12 10	12 10	Argiles jaunes........................	
41 75	29 65	Calcaire et marnes, couleur blanche......	
108 60	66 85	Calcaire et marnes bleus............ ...	Lias.
126 00	17 40	Calcaire à gryphées................ ...	
129 30	3 20	Calcaire et sable noir.................	Infra-Lias et Rhétien.
143 60	14 40	Sable blanc...........................	
145 00	1 40	Marnes vertes.....	
159 80	14 80	Marnes rouges........................	
166 20	6 40	Grès blanc........	Trias.
174 00	7 80	Marnes rouges.......................	
187 50	13 50	Grès rose foncé...........	
194 25	6 75	Schistes noirs argileux.................	
203 00	8 75	Schistes charbonneux décomposés.........	
207 30	4 30	Schistes gris.........................	
217 00	9 70	Grès et chistes mélangés..............	
230 00	13 00	Grès gris avec feldspath rose...........	
251 50	21 50	Schistes et grès......................	
262 05	10 55	Grès avec schistes charbonneux..........	
269 90	7 85	Grès blanc en gros bancs avec joints de schistes charbonneux................	
282 55	12 65	Schistes gréseux et grès blanc...........	Houiller.
284 80	2 25	Schistes noirs.......................	
307 00	22 20	Grès blanc avec joints de schistes........	
325 00	18 00	Grès avec feldspath rose...............	
390 00	65 00	Grès blanc et schistes.................	
393 50	3 50	Schistes très charbonneux, petits filets de charbon,..........................	
396 50	3 00	Grès blanc très dur...................	
470 00	73 50	Grès et schistes......................	
502 33	32 33	Grès et schistes. Les grès blancs sont très friables et ébouleux................	

SONDAGE DE CHAMPEAUX.

PROFONDEUR.	ÉPAISSEUR.	NATURE DES TERRAINS.	NIVEAU GÉOLOGIQUE.
m. cent.	m. cent.		
6 50	6 50	Argile...............................	
9 20	2 70	Sable..............................	
29 60	20 40	Calcaire jaune et blanc................	
38 40	8 80	Calcaire gris sablonneux...............	Oligocène.
64 30	25 90	Calcaire jaune et blanc................	
106 00	41 70	Marnes bleues et grises et calcaire gris.....	
138 30	32 30	Calcaire gris et marnes grises. Filets de lignite vers 126 mètres................	Lias.
175 10	36 80	Marnes grises et calcaire gris............	
198 20	23 10	Calcaire à gryphées....................	
216 70	18 50	Grès sableux blanc et marnes bleuâtres. Source artésienne de 180 à 200 litres....	Infra-Lias et Rhétien.
217 90	1 20	Marnes rouges.......................	
223 00	5 10	Grès sableux blanc....................	Trias.
223 40	0 40	Marnes rouges.......................	
247 00	23 60	Grès fin dur gris.....................	
268 60	21 60	Grès gris avec filets schisteux...........	
270 50	1 90	Grès gris............................	
270 60	0 10	Schistes charbonneux	
297 00	26 40	Grès et schistes......................	
297 20	0 20	Filets de charbon.....................	
298 80	1 60	Grès et schistes..........	Houiller.
299 30	0 50	Grès très dur (Poudingues).............	
384 00	84 70	Grès et schistes......................	
384 65	0 65	Poudingues..........................	
389 00	4 35	Grès et schistes......................	
389 10	0 10	Filets de charbon	
400 00	10 90	Grès et schistes......................	

SONDAGE DE MORIGNY.

PROFONDEUR.	ÉPAISSEUR.	NATURE DES TERRAINS.	NIVEAU GÉOLOGIQUE.
m. cent.	m. cent.		
9 00	9 00	Argile jaune	
11 00	2 00	Argile et rognons calcaires	
15 70	4 70	Argile et rognons de silex	
21 75	6 05	Marne blanche . . . . , ...	Bajocien.
25 75	4 00	Calcaire jaune et marne	
30 50	4 75	Silex dans marnes jaunes	
34 50	4 00	Marnes	
51 60	17 10	Calcaire et marnes jaunes et vertes	
63 70	12 10	Calcaire à bélemnites et marnes	Lias.
108 80	45 10	Marnes vertes et calcaire	
129 30	20 50	Calcaire dur	
135 30	6 00	Marnes et sables	
139 80	4 50	Grès blanc dur	Infra-Lias et Rhétien.
141 00	1 20	Marnes vertes	
147 00	6 00	Marnes vertes et roses	
153 00	6 00	Marnes roses et vertes avec grès	Trias.
159 00	6 00	Grès et calcaire avec marnes	
184 00	25 00	Gneiss décomposé	
226 00	42 00	1re carotte	
242 00	16 00	2e carotte	
250 00	8 00	3e carotte, gneiss décomposé et marne verte [1].	
254 00	4 00	Gneiss décomposé avec marnes vertes	
257 00	3 00	Marnes vertes	Houiller.
260 50	3 50	Grès et marne	
279 00	18 50	Grès blanc très dur. Grès blanc	
303 00	24 00	Grès très dur	
308 00	5 00	Grès blanc	
312 00	4 00	Grès et argile blanche	
336 00	24 00	Grès blanc dur	

[1] Les 3 carottes tirés entre 184 et 250 mètres appartiennent nettement à des conglomérats houillers formés par de gros éléments de gneiss.

PROFONDEUR.	ÉPAISSEUR.	NATURE DES TERRAINS.	NIVEAU GÉOLOGIQUE.
m. cent.	m. cent.		
339 00	3 00	Grès et argile blanche (carotte)............	
345 00	6 00	Grès blanc dur.....................	
348 00	3 00	Grès dur blanc rosé.................	
357 00	9 00	Grès et argile blanche...............	
361 00	4 00	Grès gris dur......................	Houiller.
385 00	24 00	Grès et argile blanche..............	
411 00	26 00	Grès blanc et argile................	
412 60	1 60	Grès dur.........................	

L'examen de ces coupes de sondage donne lieu aux observations suivantes :

Conclusions
à déduire
de ces sondages.

1° Le terrain houiller se prolonge sûrement au delà de la limite Sud de la concession de Perrecy, et la bordure Est du Houiller doit être sensiblement celle que nous avons figurée sur la carte géologique.

Cette limite était déjà gravée lorsque nous avons eu connaissance des résultats des sondages, et elle s'est trouvée heureusement confirmée. Le sondage d'Usigny est tombé en effet sur le gneiss, et celui de Morigny semble indiquer, vu l'abondance des poudingues et conglomérats, qu'il n'est pas très loin du bord du bassin.

La limite séparative du Houiller et du Permien reste indécise; nous avons exposé, dans un chapitre précédent, que nous étions disposé à croire qu'elle devait coïncider sensiblement avec la faille jurassique passant à Soumilly, à Saint-Éloy et à Bragny.

2° L'insuccès des sondages ne permet pas de conclure à la stérilité du terrain houiller. Ces derniers n'ont pas été poussés assez profondément. Si le terrain houiller est constitué comme à Perrecy où il n'y a qu'une seule couche ou faisceau de couches ayant de l'importance, on conçoit qu'il y a peu de chances de rencontrer pareil gîte par un petit nombre de sondages poussés à d'assez faibles profondeurs. Il y a donc là une exploration à reprendre plus tard.

3° Le sondage de Morigny a rencontré, à sa partie inférieure, des argiles blanches réfractaires qui constituent un fait assez exceptionnel. Pareilles assises n'ont pas encore été signalées, avec cette importance, dans le terrain

12.

houiller du bassin de Blanzy; il est cependant difficile de ne pas les considérer comme appartenant à la formation houillère, et comme ayant la même origine que certaines barres blanches signalées à Longpendu et aux Fauches.

§ 2. LISIÈRE NORD-OUEST.

Sur la lisière Nord-Ouest du bassin, on trouve les gîtes du Creusot, des Petits-Châteaux, des environs de Toulon-sur-Arroux, de Pully et de Grandchamp. Nous allons les passer successivement en revue.

A. Mines du Creusot.

(Concession instituée par ordonnances des 12 février 1832 et 24 octobre 1838. Superficie, 6,211 hectares.)

Le gisement houiller du Creusot forme un golfe qui pénètre profondément dans une formation de schistes et de quartzites, classée jusqu'à nouvel ordre comme Dévonien.

Le houiller s'étend depuis la Croix-du-Lot, à l'Ouest, jusqu'au delà du puits Saint-Pierre et Saint-Paul, sur un développement d'environ 3,000 mètres. Sa largeur est variable; elle va, en somme, en augmentant depuis la Croix-du-Lot jusqu'au contact avec le Grès rouge.

Les divers bancs offrant peu de résistance aux actions atmosphériques, le golfe houiller constitue aujourd'hui une vallée, dont le thalweg correspond approximativement à un synclinal important qui sera mentionné plus loin.

La ville du Creusot est bâtie sur une petite éminence qui correspond, au contraire, à un relèvement des assises houillères.

La constitution de la formation est très simple. A la base, on trouve des grès grossiers ou des conglomérats constitués par des débris des terrains encaissants. On les observe tout le long de la bordure Nord entre le Houiller et le Dévonien.

Au-dessus vient le faisceau charbonneux. Ce dernier est essentiellement constitué par une Grande Couche pouvant atteindre, sur certains points, jusqu'à 30 mètres de puissance; parfois, notamment dans la région comprise entre les puits de l'Ouest et Sainte-Barbe, on observe une ou deux veines situées au mur de la Grande-Couche. Entre ces veines et la Grande-Couche existent des grès grossiers à pâte noire avec petits noyaux gris ou blancs constitués par

de la granulite ou du quartz. Ces grès, qui forment un horizon assez caractéristique, sont désignés sous le nom de « grès fleurtés », les mineurs appelant
fleurs les noyaux blanchâtres.

Les distances des veines du mur à la grande veine sont très variables; au
puits des Nouillots, la première veine est distante seulement de 8 à 10 mètres
de la Grande-Couche, tandis que l'intervalle atteint 40 mètres au puits XIX.

Au-dessus de la Grande-Couche, on observe une puissante et stérile formation de schistes noirâtres associés à quelques grès fins.

Les divers puits, même les plus profonds, ont rencontré exclusivement au
toit de la Couche cette formation schisteuse présentant une grande uniformité.

Le gîte du Creusot offre un bel exemple de plissements multiples et parfois   Plissements
intenses. Le plan n° 5 et les diverses coupes de la planche mettent en évidence
ces divers phénomènes.

Dans la région de l'Ouest, qui a été le plus complètement explorée, on a
reconnu sept synclinaux et autant d'anticlinaux (figurés $S_1, S_2, S_3, S_4, S_5, S_6$,
S_7 et $A_1, A_2, A_3, A_4, A_5, A_6, A_7$ sur le plan et la coupe $b\,a$).

Le synclinal S_2 est de beaucoup le plus accentué; il s'étend depuis l'extrémité Ouest (puits du Bois) jusqu'à l'extrémité Est du bassin (puits Saint-
Laurent), où il vient buter contre le Grès rouge. Son importance croît progressivement de l'Ouest à l'Est.

Les synclinaux S_1 et S_3 sont locaux et ne constituent que des digitations du
synclinal S_2.

Dans la région des puits Saint-Éloy et Sainte-Barbe, au Nord du synclinal
S_2, se développent deux autres synclinaux secondaires S^1 et S^2 dont l'importance va en croissant du côté de l'Est.

Il convient de mentionner également, comme ayant une certaine importance, les synclinaux des puits de l'Église et Chaussard (S_1 et S_2) dont l'ensemble peut être considéré comme constituant un synclinal unique (voir
coupe $b\,a$).

L'anticlinal le plus important est incontestablement celui des Moineaux (A_7);
les anticlinaux A_5, A_6 sont secondaires par rapport au précédent, et il serait
vraisemblablement plus rationnel de considérer l'ensemble des trois anticlinaux
A_5, A_6, A_7 comme ne constituant qu'un seul anticlinal qui s'appellerait l'anticlinal des Moineaux; son prolongement formerait l'éminence sur laquelle a
été bâtie l'ancienne ville du Creusot.

Il faut mentionner également comme jouant un certain rôle, ainsi que le montre la coupe *ba*, l'anticlinal du puits Saint-François (A$_3$).

En résumé, on peut dire, en groupant les plissements, que le gîte du Creusot, dans la région Ouest, forme essentiellement deux synclinaux, celui du Découvert de la Croix, celui des puits Chaussard et de l'Église, et deux anticlinaux, celui du puits Saint-François et celui de la région des Moineaux.

Il est à remarquer que tous les plis sont couchés vers le Sud, de telle sorte que les anticlinaux sont déversés sur les synclinaux. Aussi les terrains anciens de la bordure Nord, qui appartiennent, en somme, à un anticlinal, sont-ils déversés sur le terrain houiller. Ce déversement est surtout accentué à l'Est du puits Sainte-Barbe, comme le montre la coupe *Kh* passant par la Recherche de la Montagne des Boulets.

Remarquons incidemment que la lisière Nord du bassin du Creusot est sensiblement parallèle à celle du bassin d'Autun, dont elle est séparée par le massif granitique d'Antully. Or, à Autun, vers la bordure Sud, les assises houillères et permiennes sont assez fortement redressées. Le massif d'Antully se présente donc comme un vaste dôme, de chaque côté duquel la formation houillère est redressée ou même renversée.

Le plan d'ensemble montre que le versant Nord du grand synclinal S$_2$ a été activement exploité sur toute la longueur du bassin. Ce versant a d'ailleurs fourni de grandes richesses, notamment dans la partie assez large et assez régulière, comprise entre les puits de la Montagne, Chaptal, Saint-Pierre et la Montagne-des-Boulets.

Dans le reste du bassin, les travaux ont été limités aux parties voisines des affleurements, et on a généralement admis qu'ailleurs les gîtes étaient inexploitables. Pareille conclusion est peut-être trop rigoureuse.

Quatre explorations seulement ont été opérées à l'aval pendage du puits de l'Ouest, vers le versant Sud du synclinal S$_2$. Deux ont donné des résultats négatifs : puits de la Glacière (voir coupe *cdc*) et travers bancs du puits Saint-Pierre à 340 (voir coupe *gf*), mais deux autres ont rencontré des lambeaux de couche susceptibles d'exploitation : niveau de 108 du puits de l'Ouest et niveau de 359 du puits Saint-Pierre. D'autre part, les travaux du puits des Moineaux ont été arrêtés, du côté du Nord, par des plissements qui n'ont pas été traversés. Il est donc très possible que la région considérée comme stérile renferme, malgré les accidents qui peuvent l'affecter, des lambeaux correspondant à un tonnage important. Malheureusement, une partie de ces

Fig. 18

HOUILLÈRES DU CREUSOT

Projection verticale des travaux

Échelle 1/10 000

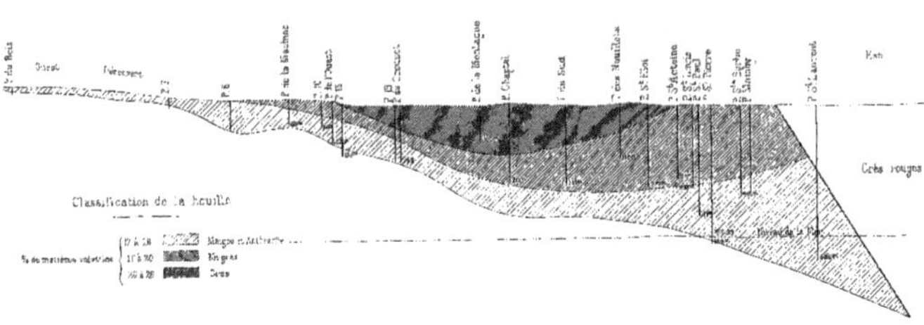

Fig. 19

MINES DU CREUSOT

Tunnel entre les Aciéries et l'atelier des Bandages

Coupe géologique passant par l'axe du tunnel

Échelle 1/1000

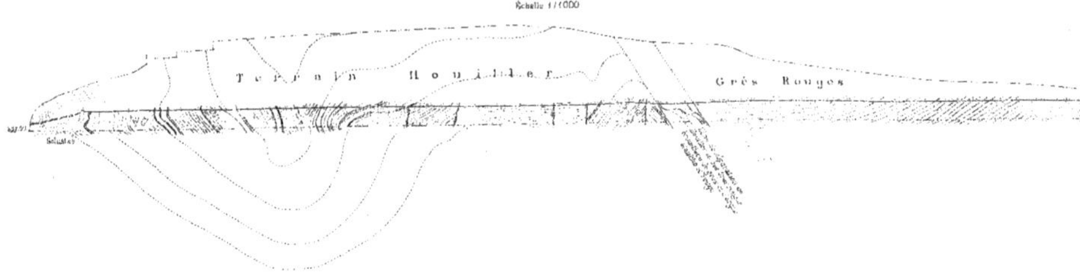

richesses serait, pour le moment, immobilisée par de nombreux édifices qui recouvrent la surface.

Les exploitants ont classé les charbons du Creusot en trois catégories :

MATIÈRES VOLATILES.

Gras.. 20 à 26 p. 100.
Mi-gras...................................... 16 à 20
Maigre et anthracite........................... 12 à 16

Le croquis ci-contre (fig. 18) montre comment, dans une projection verticale des travaux effectuée sur un plan parallèle à l'axe du bassin, seraient disposées ces diverses qualités.

Ce croquis montre que les charbons gras occupent seulement une partie centrale, de chaque côté de laquelle les lignes séparatives des diverses zones vont en se relevant. Du côté de l'Ouest, ces lignes arrivent jusqu'à la surface du sol, de telle sorte qu'on rencontre successivement, en allant vers la limite du bassin, des charbons mi-gras et des charbons maigres ou anthraciteux.

On constate généralement, dans la plupart des bassins houillers, que la teneur en matières volatiles décroît avec la profondeur des gisements. À Épinac, le fait s'observe très nettement : les charbons, flambants près des affleurements, deviennent successivement gras, puis maigres à mesure que les travaux s'approfondissent.

Au Creusot, il n'en serait pas de même actuellement, mais il n'est pas établi que pareille disposition n'ait pas existé autrefois. Du côté de l'Ouest, le bassin pouvait être beaucoup plus étendu, et les mouvements orogéniques ont peut-être ramené à la surface des parties de gîtes situées à d'assez grandes profondeurs et, par suite, de nature anthraciteuse. De même à l'Ouest, dans la région de la Montagne des Boulets, où la houille est fortement renversée, des parties supérieures de gisement, correspondant aux charbons gras, ont bien pu être enlevées par les érosions.

Nous n'insisterons pas davantage sur ces considérations qui présentent, cela va sans dire, un caractère très hypothétique.

L'âge du terrain houiller du Creusot a donné lieu, dans le passé, à de nombreuses discussions, la rareté des empreintes végétales ne permettant pas d'avoir des bases un peu sérieuses.

Dans ces dernières années, les Ingénieurs de la houillère ont recueilli divers échantillons de *Walchias* qui paraissent établir l'âge relativement récent de la formation. Les gîtes du Creusot sont vraisemblablement contemporains des grandes couches supérieures de Montceau, et bien plus récents, par conséquent, que ceux d'Épinac, auxquels on avait été tenté parfois de les assimiler.

Gîtes de Chalas.

Au Sud-Ouest du Creusot, près du château de Bruelle, au hameau de Chalas, on a effectué jadis, infructueusement d'ailleurs, quelques fouilles sur un petit lambeau houiller. On y observe des schistes très bouleversés qui surmontent des poudingues de base à éléments de grauwacke. On n'a rencontré que des veinules de houille sans importance.

La largeur de cette petite bande houillère ne dépasse pas 120 ou 150 mètres.

Relations entre le Houiller et le Grès rouge.

L'examen du plan d'ensemble montre que le Grès rouge coupe indistinctement les synclinaux et les anticlinaux du Houiller. Il y a donc discordance complète entre les deux formations.

La séparation de ces terrains est très nette; on trouve, sur plusieurs mètres d'épaisseur, des terrains broyés rappelant le remplissage d'une faille. Aussi les exploitants ont-ils figuré une faille au contact du Houiller et des Grès rouges. Sans doute l'existence d'un semblable accident n'aurait rien d'anormal; toutefois il ne nous paraît pas certain que ces terrains décomposés ne soient pas le résultat de l'action des eaux; les Grès rouges étant perméables et les assises houillères schisteuses l'étant très peu, il a dû y avoir, suivant la surface de contact, une circulation d'eaux souterraines, qui ont bien pu altérer profondément les assises.

L'examen de la surface montre que les Grès rouges sont au Creusot peu disloqués, tandis que le Houiller est, au contraire, comme nous l'avons vu, extrêmement bouleversé. La coupe ci-contre d'un tunnel qui va du Houiller dans le Grès rouge (fig. 19), met bien ce fait en évidence et montre qu'il n'y a aucune ressemblance entre les allures de ces deux formations. Les accidents multiples qui ont disloqué le Houiller n'ont pas affecté le Grès rouge.

B. Concession des Petits-Châteaux.

(Instituée le 17 novembre 1833. — Superficie, 733 hectares.)

Le terrain houiller affleure à l'Ouest du bourg de Saint-Eugène; il forme un golfe minuscule au milieu du Granite. Il y a, en outre, au Sud de Saint-Eugène, un autre tout petit lambeau houiller, d'étendue insignifiante. Un puits dit puits « du Sud », foncé à l'Est et tout près de ce lambeau, est resté sur toute sa hauteur, c'est-à-dire sur 100 mètres, dans le Grès rouge, sans rencontrer le Houiller.

Divers travaux ont été exécutés, à plusieurs reprises, sur le terrain houiller situé à l'Ouest de Saint-Eugène. Les plus anciens paraissent dater de 1814; on a travaillé ensuite en 1829, puis dans les périodes de 1837 à 1843 et de 1856 à 1869. Enfin, récemment, une société ouvrière a fait l'acquisition de cette mine et a tenté d'en reprendre l'exploitation.

Les travaux anciens ont principalement consisté dans le fonçage de trois puits : les puits Saint-Jean, Dautun et Saint-Eugène.

Travaux anciens.

Le puits Saint-Jean est celui qui a donné les résultats les plus intéressants, parce qu'un travers bancs, pris au niveau de 100 mètres, est venu buter d'un côté contre le Granite et de l'autre côté contre le Grès rouge.

La coupe de la page suivante [1] montre quelle a été la série des assises rencontrées.

D'après cette coupe, la base du Houiller serait constituée par une formation schisteuse ayant environ 40 mètres d'épaisseur et comprenant deux petites veines de houille de 0 m. 50 et de 1 m. 30, et une couche plus importante appelée grande veine. Cette dernière aurait eu, à 138 mètres, une puissance de 5 mètres, tandis qu'elle n'avait que 2 m. 50 dans le travers bancs du niveau de 100 mètres et dans la traversée du puits. C'est sur cette veine que se sont portées les tentatives d'exploitation, mais elle s'est montrée tellement irrégulière comme puissance, et sujette à un si grand nombre d'étranglements, que ces tentatives ont dû être successivement abandonnées.

Le charbon était d'ailleurs de bonne qualité. D'après Estaunié (mémoire déjà cité), la houille renfermait 29,5 p. 100 de matières volatiles et appartenait à la catégorie des houilles grasses à longue flamme. La couche dégageait du grisou. Une petite flambée de gaz s'était même produite dans le passé.

Au-dessus de la formation schisteuse de la base, on avait rencontré un banc de conglomérat de 20 mètres de puissance, puis des grès fins schisteux ayant également environ 20 mètres d'épaisseur.

La coupe du puits Saint-Jean montre combien est peu puissante la formation houillère de Saint-Eugène. Elle ne présentait pas plus de 80 mètres d'épaisseur entre le Granite et la limite du Grès rouge.

---

[1] Nous croyons utile de faire quelques réserves au sujet de la parfaite exactitude de cette coupe qui provient de documents n'offrant pas une bien grande authenticité.

On voit, en outre, que les assises sont très inclinées; leur pente s'élève à 60 ou 70 degrés.

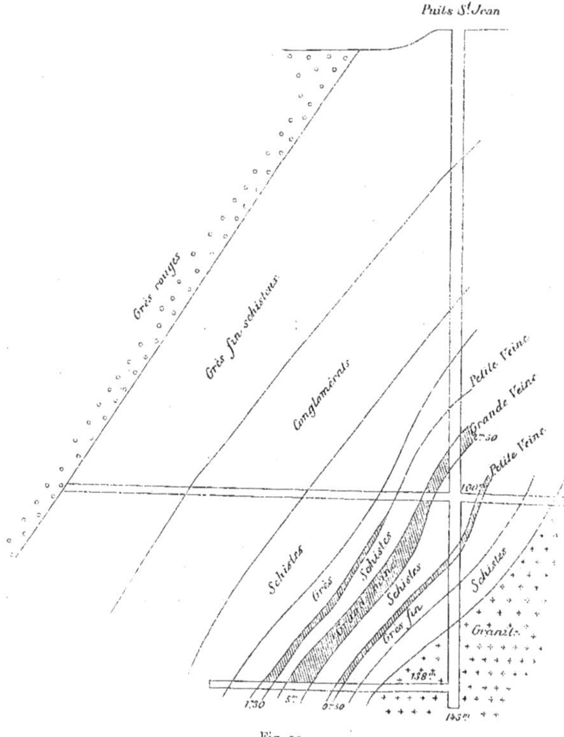

Fig. 20.

Deux autres puits ont été foncés près du puits Saint-Jean : les puits Dautun et Saint-Eugène, mais leurs orifices étaient situés sur le Grès rouge.

Le puits Dautun a atteint seulement la profondeur de 44 mètres; un éboulement a empêché la continuation du fonçage. Il avait rencontré, à la profondeur de 33 mètres, une petite couche de 0 m. 50.

Le puits Saint-Eugène a atteint la profondeur de 162 mètres ; les 24 mètres de la partie supérieure étaient dans le Grès rouge. Nous n'avons pu nous procurer des documents un peu certains sur la nature des terrains rencontrés.

Les travaux récents n'avaient, en mars 1902, fourni aucun renseignement intéressant : on se bornait alors à remettre en état quelques-uns des anciens ouvrages.

Dans une exploration faite avec M. Zeiller, nous avons rencontré dans les anciens déblais des empreintes de *Linopteris Germari* et un *Callipteridium*. Il en résulterait que les assises appartiennent à la partie supérieure du terrain houiller.

Nous croyons devoir, avant de passer à un autre paragraphe, faire remarquer qu'à Saint-Eugène comme au Creusot et comme à Grandchamp, ainsi que nous le verrons plus loin, les couches de houille sont situées, à la base de la formation, à peu de distance des terrains anciens.

Enfin, à Saint-Eugène comme au Creusot, les assises sont fort disloquées, très dressées ; nous verrons encore le même fait se produire à Grandchamp.

C. Concession de Pully.

(Instituée le 22 février 1842. — Superficie, 582 hectares.)

La concession fut instituée à la suite de la découverte, au hameau du Maupas, d'une couche de 1 mètre d'épaisseur et de celle faite, au hameau de Pully, de deux couches ayant respectivement 1 m. 50 et 1 mètre de puissance.

Au Maupas, le puits de recherches n'avait atteint qu'une faible profondeur (33 mètres).

A Pully, le puits dit puits « Menans » avait été foncé jusqu'à 150 mètres ; la couche de 1 m. 50 aurait été trouvée à la profondeur de 20 mètres et celle de 1 mètre à la profondeur de 115 mètres.

La houille était, disait-on, de la qualité maréchale.

Une galerie de reconnaissance, ouverte plus tard, dans la vallée de Beauvoir, entre le Maupas et Pully, avait, d'après les gens du pays, rencontré une couche de houille atteignant, par place, une épaisseur de 2 mètres.

Vers 1877, la Société Foulc entreprit, près du hameau de Maupas, et un

13.

peu à l'Est de ce dernier, le fonçage d'un puits destiné à recouper les gîtes en profondeur. Un effondrement de l'ouvrage, survenu lorsque la profondeur atteinte était seulement de 25 mètres, motiva l'arrêt de l'entreprise. Les assises traversées par le puits appartenaient d'ailleurs à la formation permienne (zone inférieure des Grès rouges).

En 1892, MM. Campionnet et Cⁱᵉ, maîtres de forges à Gueugnon, tentèrent de nouvelles explorations. Un puits, placé sur le flanc Sud de la vallée de Beauvoir, fut foncé jusqu'à la profondeur de 141 m. 50.

Il recoupa les assises suivantes :

Cailloutis tertiaires (silex pyromaques, chailles jurassiques, arkoses, niveau d'eau)	8ᵐ 00
Poudingues	6 00
Grès à gros éléments	6 00
Conglomérat constitué par des blocs de grandes dimensions . .	78 00
Schistes noirs avec boules de grès et de charbon, pente 59° . . .	22 00
Grès noirs schisteux	4 70
Grès micacé blanc	0 30
Schistes noirs avec veinules de houille irrégulières, pente 15° . .	6 00
Grès noirs avec boules de grès	0 50
Schistes noirs avec boules de grès (pente très faible)	10 00
TOTAL	141 50

En présence de l'insuccès de ces recherches, on pratiqua quelques fouilles près du hameau de Pully, et on constata alors que le gîte signalé jadis en cet endroit ne renfermait que des veinules inexploitables. MM. Campionnet et Cⁱᵉ suspendirent alors tous travaux de recherches.

L'examen des déblais du puits Campionnet montre d'ailleurs que les anciens explorateurs ont pu être, vu leur faible expérience, induits en erreur par l'aspect des schistes. Ceux-ci sont noirs, très luisants, et ont l'apparence de la houille. Ils ont sans doute été très fortement comprimés, et c'est cette circonstance qui a déterminé les surfaces si exceptionnellement brillantes qu'ils présentent. On constate d'ailleurs qu'ils ne renferment plus aucune empreinte discernable.

La coupe du puits Campionnet dénote la présence, au-dessus de la formation schisteuse, d'une épaisse assise de conglomérats à éléments de très gros volume. Ces conglomérats sont d'ailleurs visibles à la surface du sol, sur les deux rives de la vallée de Beauvoir; les éléments de granite qu'ils renferment ont parfois de telles dimensions, qu'on a cru souvent avoir affaire à du Granite en place.

Nous croyons devoir signaler la différence que présente, à cet égard, le gisement houiller de Pully de celui du Creusot, dans lequel les assises qui surmontent la couche de houille sont exclusivement constituées par des schistes et des grès très fins.

D. Gîtes divers du Bois de Toulon.

La région boisée, située entre Toulon et Curdin, sur la rive droite de l'Arroux, a été considérée par Manès comme entièrement formée par le terrain houiller et figurée ainsi par lui dans l'atlas qui accompagne son mémoire sur le bassin houiller de Saône-et-Loire.

Lors de l'étude de la géologie de la feuille d'Autun, nous avons été conduit à classer comme granitique la majeure partie de cette région et à n'y admettre qu'un petit nombre de lambeaux houillers de faible étendue. Au Sud serait le lambeau de Pully, dont il vient d'être parlé, puis viendraient un lambeau près du Moulin-Chevalot, un autre près de Morantru et un plus étendu entre les hameaux de « Le Chard » et de « Le Théâtre ».

Deux autres petits lambeaux minuscules s'observeraient encore à « Moisillier » et près de « Bois-du-Verger ».

Toutefois la délimitation du Houiller et du Granite est fort difficile; la présence des bois et des recouvrements pliocènes met en effet obstacle aux explorations de la surface. J'ajouterai que la décomposition du Granite donne parfois des terres rouges qui rappellent le Grès rouge, et rendent malaisée la fixation de la limite de cette dernière formation. Je citerai notamment à cet égard les terrains rougeâtres qu'on observe sur la route de Toulon au hameau de Verger, après qu'on a franchi la rivière de l'Auzon. Il convient donc de ne considérer que comme approximative la limite figurée sur notre carte pour les divers lambeaux houillers.

De nombreuses recherches ont été tentées à diverses reprises sur ces lambeaux.

A l'Ouest de Toulon-sur-Arroux, à l'endroit appelé « Bois-de-Toulon », on aperçoit les emplacements d'anciens puits. Ces derniers n'auraient, d'après Manès, rencontré que des schistes luisants, contenant des boules de fer carbonaté et de houille. Sur ce même lambeau houiller on a, vers 1858, pratiqué des recherches près du hameau de Chard. Un puits de 89 mètres de profondeur aurait rencontré des schistes et des grès schisteux, avec traces de houille aux profondeurs de 35 mètres et de 89 mètres. Un travers bancs, ouvert au niveau de 35 mètres, serait venu, après un parcours de 8 à 10 mètres, buter contre le Granite. Ces recherches, reprises vers 1893 par un groupe d'ouvriers mineurs, n'ont pas donné alors de meilleurs résultats.

Des fouilles également entreprises sur le lambeau du « Bois-du-Verger » sont demeurées infructueuses.

A Morantru, des explorations furent tentées à diverses reprises; on y aurait jadis, d'après Manès, rencontré une couche de o m. 5o d'épaisseur.

Au « Moulin-Chevalot », on trouve également les traces d'anciennes fouilles qui paraissent n'avoir trouvé que des schistes et des grès schisteux. Ces schistes, comme d'ailleurs ceux de Morantru et de Chard, rappellent parfois, avec leur couleur verdâtre, la grauwacke dévonienne.

Avant de quitter cette région de Toulon-sur-Arroux, nous croyons devoir signaler l'observation suivante que suggère l'examen de la carte d'ensemble du bassin. Les lambeaux houillers de la lisière Nord-Ouest sont principalement nombreux dans la zone où le Grès rouge inférieur vient buter contre le Granite; ils sont ainsi situés sur le prolongement de la dorsale formée par le Permien. Il est assez difficile de saisir le motif de cette disposition; aussi n'est-ce que sous toutes réserves que nous hasardons l'explication suivante.

Ces divers lambeaux faisaient autrefois partie d'une formation houillère continue, s'étendant depuis Pully jusqu'au Creusot. Entre Toulon-sur-Arroux et Curdin, le Houiller aurait été, après sa formation, soumis à des mouvements orogéniques exceptionnellement intenses, qui auraient emprisonné une partie de la formation dans diverses petites cuvettes granitiques et auraient ainsi préservé des ablations ultérieures les lambeaux de ces cuvettes. La dorsale permienne aurait été également la conséquence de ces mouvements orogéniques, qui auraient ainsi duré pendant toute l'époque permienne.

E. Concession de Grandchamp.

(Instituée le 19 janvier 1841. — Superficie, 1,444 hectares.)

Considérations générales.

La concession de Grandchamp ne renferme qu'un petit lambeau de terrain houiller compris entre le Granite et le Grès rouge. Ce lambeau constitue, du

COUPE PAR LES PUITS St MARTIN ET DU JARDIN

Échelle : 1/1000

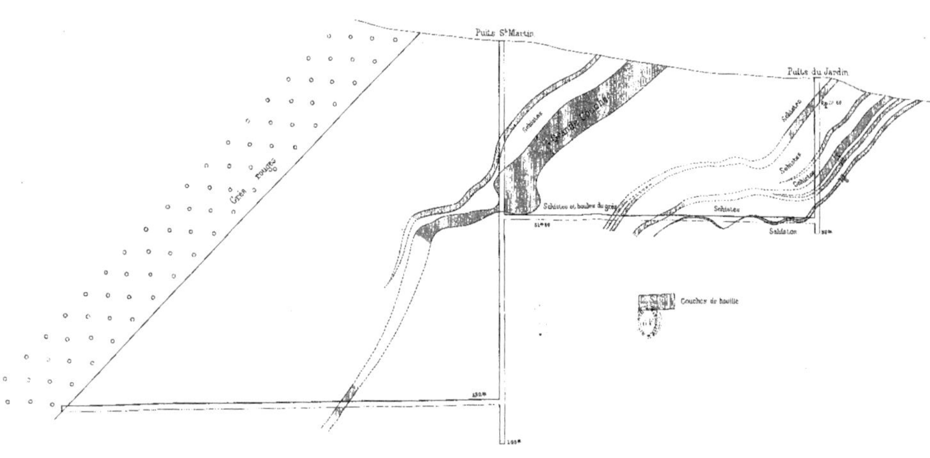

Fig. 21.

BASSIN HOUILLER DE GRANDCHAMP

Echelle 1/6000

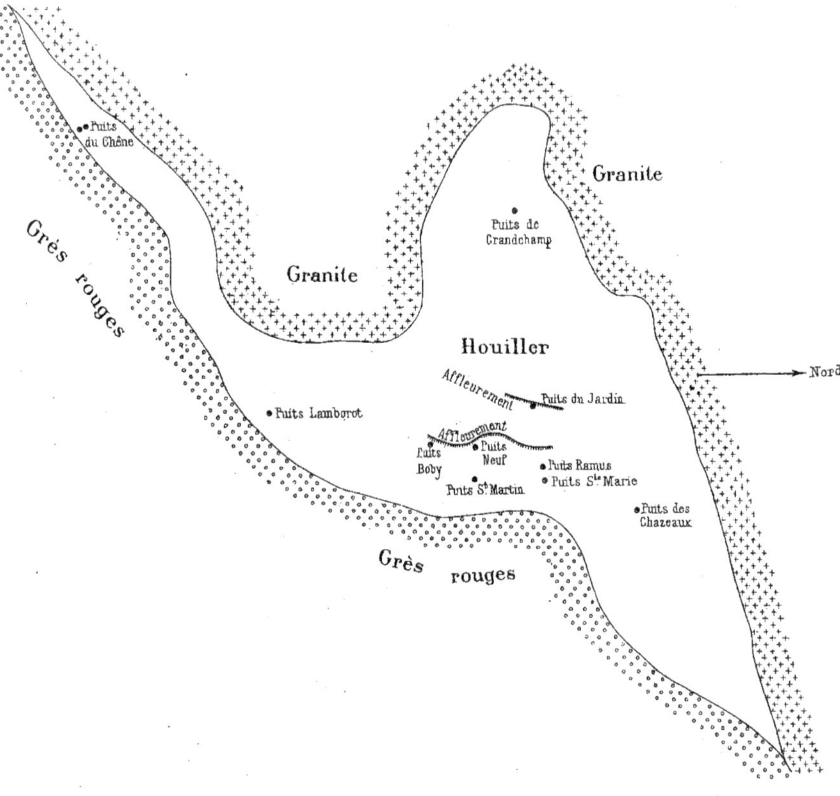

côté de l'Ouest, un petit golfe au milieu du Granite et, du côté Sud, une bande allongée et très étroite (fig. 21). On retrouve là en miniature la disposition du gisement du Creusot.

Sur cette étendue restreinte, il a été exécuté un assez grand nombre de puits :

Travaux effectués.

Allure des gîtes.

ANCIENS PUITS. PROFONDEUR.

	des Chazeaux..............................	85 mètres.
	Sainte-Marie	106
Puits	Boby....................................	101
	Ramus...................................	116
	Saint-Martin	146

PUITS PLUS RÉCENTS.

	du Jardin................................	56
Puits	du Chêne n° 1............................	23
	du Chêne n° 2............................	47

Nous avons reproduit les coupes dressées jadis par les exploitants pour les puits Saint-Martin et du Jardin (fig. 22). Il résulterait de ces documents qu'il y aurait deux faisceaux de couches, distants d'environ 80 mètres. A la base serait le faisceau du Jardin et en haut celui du puits Saint-Martin. Toutefois nous devons faire des réserves au sujet de l'exactitude des coupes ci-dessus, quelques-unes des couches figurées renfermant peut-être autant de schistes que de charbon. En outre, les gîtes étaient affectés par de nombreux étranglements. Le travers bancs du niveau de 52 mètres, allant du puits du Jardin au puits Saint-Martin, n'a, en effet, recoupé que des couches minces et inexploitables, et le travers bancs du niveau de 132 mètres, allant du puits Saint-Martin au Grès rouge, n'a pas donné de meilleurs résultats. Les puits du Chêne n'ont traversé que deux petites couches minces, très dressées et inutilisables. Enfin le puits des Chazeaux n'a également rencontré que des veines charbonneuses sans valeur.

Les gisements ne paraissent donc avoir une certaine importance que dans la partie centrale correspondant au golfe qui pénètre dans le Granite, soit sur un développement en direction d'environ 150 mètres. La puissance du terrain houiller dans cette région peut être évaluée approximativement à 200 mètres. Les charbons étaient, paraît-il, de la variété des houilles grasses à longue flamme; d'après Estaunié, les teneurs en matières volatiles étaient comprises entre 31 et 37 p. 100.

Âge du terrain houiller.

Les coupes des puits dénotent une grande abondance d'assises schisteuses; l'examen des déblais du puits confirme cette conclusion et dénote également la présence de bancs d'argile jaunâtre, de rognons de fer carbonaté et de calcaires dolomitiques. On trouve dans ces déblais très peu d'empreintes. Nous n'y avons, avec M. Zeiller, rencontré que le *Linopteris Germari*. Mais, en revanche, les écailles de poissons y sont d'une grande abondance, à tel point qu'on croirait avoir affaire à quelques assises permiennes du bassin d'Autun.

Les éléments manquent pour déterminer l'âge de la formation houillère de Grandchamp. Tout ce qu'on peut dire, c'est que la présence de calcaires dolomitiques, l'abondance des écailles de poissons indiquent qu'on a affaire à du Houiller très élevé, sinon même à de l'Autunien.

Les mines de Grandchamp ont été en activité de 1841 à 1851, de 1855 à 1860 et de 1873 à 1877. Depuis cette dernière époque, elles sont restées en chômage.

La production n'a jamais été bien importante; elle a atteint son maximum en 1874, soit 4,150 tonnes. L'extraction totale n'a pas dépassé 28,000 tonnes.

CHAPITRE V.

CONSIDÉRATIONS GÉOLOGIQUES DIVERSES.

---

§ 1. RELATIONS ENTRE LE HOUILLER ET LE PERMIEN.

L'examen de la carte d'ensemble du bassin de Blanzy et du Creusot montre que le Houiller ne s'observe, comme nous l'avons déjà dit, que sur les deux bords du bassin; il forme au Sud-Est une bande étroite qui se poursuit d'une façon continue depuis Charrecey jusqu'au delà de Perrecy. Au Nord-Ouest, on ne rencontre, au contraire, que des lambeaux discontinus.

Le Permien s'étend entre ces deux bordures et il ne franchit jamais ces limites. Nulle part on n'a observé du Permien reposant sur le Houiller. On avait signalé autrefois comme gisements permiens des schistes à coprolites à Charrecey et des schistes bitumineux aux Georgets, à l'Ouest du Magny. Nous avons dit précédemment que les schistes de Charrecey devaient être considérés comme houillers, tandis que ceux de Georgets faisaient partie du Saxonien et se rattachaient à la grande formation permienne de la partie centrale du bassin. Il n'y a donc, en réalité, aucun point du bassin où le Houiller soit surmonté de l'Autunien.

Nous mettrons plus loin ces observations à profit, lors de l'examen des diverses hypothèses formulées au sujet de la disposition du bassin permo-carbonifère.

Nous avons déjà exposé brièvement, lorsque nous avons passé en revue les travaux géologiques antérieurs, que l'hypothèse généralement reçue consistait à admettre que le Permien butait par failles contre le Houiller des deux bordures. On constatait en effet une lacune importante au contact des deux terrains; on ne trouvait pas l'Autunien interposé entre le Houiller et le Saxonien; il y avait suppression d'assises importantes et, suivant les idées qui régnaient alors, une faille était nécessaire pour expliquer cette anomalie.

Considérations
générales.

On admettait, en outre, que les gîtes houillers des deux bordures se réunissaient en profondeur, ce qui amenait à conclure à l'existence, en profondeur, au-dessous du Permien, de richesses minérales considérables.

Les arguments invoqués à l'appui de cette manière de voir étaient les suivants :

A Blanzy, Montchanin, etc., le Houiller s'enfonce au-dessous du Grès rouge et plonge vers le Nord-Ouest; au Creusot, à Saint-Eugène, à Grandchamp, le Houiller s'enfonce également sous le Grès rouge et plonge vers le Sud-Est. Ces gîtes qui convergent les uns vers les autres doivent se réunir souterrainement.

On aurait eu alors la disposition représentée par le croquis schématique ci-dessous :

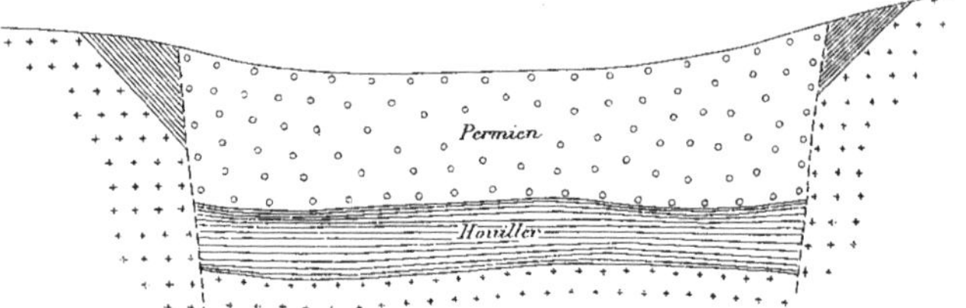

Fig. 23.

Cette hypothèse était assurément des plus séduisantes; la superficie du bassin Permo-Carbonifère étant d'environ 1,000 kilomètres carrés, l'existence du Houiller, en profondeur, dans toute l'étendue de ce bassin, correspondait à des richesses considérables. En admettant seulement 10 tonnes de houille par mètre carré de superficie, on aurait eu la colossale réserve de *dix milliards de tonnes*.

Malheureusement, ces brillantes espérances ne devaient pas se réaliser.

J'avais, dans une note publiée, en 1890, dans le *Bulletin du Service de la Carte géologique*, fait ressortir combien étaient fragiles de pareils arguments, et j'avais alors émis l'avis que les gîtes du Creusot et de Blanzy pouvaient bien appartenir à des bassins différents. Cette hypothèse si défavorable a été malheureusement vérifiée en 1896 dans le sondage de Charmoy exécuté par MM. Schneider et Cie.

L'indépendance du bassin houiller du Creusot et de celui de Blanzy était ainsi matériellement établie.

Il y a donc eu, à l'époque houillère, deux synclinaux plus ou moins parallèles correspondant, l'un à la bande Saint-Bérain-Montchanin-Blanzy, l'autre aux gites aujourd'hui morcelés de Pully, Saint-Eugène et le Creusot. Le synclinal de Blanzy était ainsi accompagné de deux synclinaux sensiblement parallèles, l'un, à l'Est, celui de Forges, et l'autre, à l'Ouest, celui de Pully-Creusot.

Les résultats du sondage de Charmoy établissaient qu'il n'y avait plus à escompter les grandes richesses minérales qu'on supposait jadis exister en profondeur; cependant il pouvait encore, avec l'ancienne hypothèse de l'effondrement entre deux failles de la partie centrale du bassin, rester des richesses fort appréciables.

On pourrait avoir en effet la disposition représentée par la figure schématique ci-dessous :

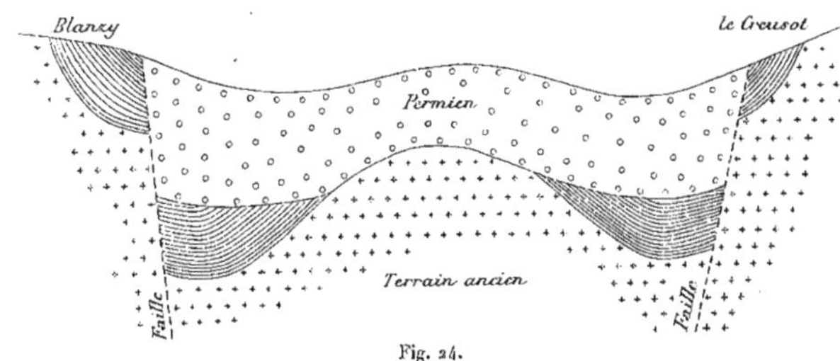

Fig. 24.

On retrouverait ainsi, en profondeur, la suite du bassin de Blanzy et celle du bassin du Creusot.

Malheureusement, cette hypothèse des deux failles de contact me paraît devoir être écartée.

Nous avons, dans l'étude des diverses concessions, établi les points suivants :

Nulle part on n'a constaté matériellement l'existence de ces failles. Au Creusot, on a bien, il est vrai, admis la présence d'un accident semblable, mais, d'une part, le fait peut être contesté, ainsi que nous l'avons exposé, et, d'autre part, il peut fort bien se faire que localement une faille se soit produite ultérieurement suivant la ligne de contact. Il est donc permis de dire

Existence
de deux bassins
houillers
l'un au N. O.,
l'autre au S. E.

Le contact
du Houiller
et du Permien
n'a pas lieu
par failles.

que le contact des deux formations a lieu généralement sans faille et seulement par *juxtaposition;*

La limite séparative des deux terrains n'est nullement en relation avec les accidents, plissements ou failles qui affectent le Houiller; elle coupe indifféremment, et d'une façon absolument quelconque, les synclinaux et les anticlinaux houillers; Montchanin, Longpendu et le Creusot mettent bien ce fait en évidence;

Le Permien est généralement moins disloqué que le Houiller; ce fait, qui peut être observé sur divers points, est surtout manifeste au Creusot, ainsi que l'établit une coupe de tunnel que nous avons reproduite;

Le Permien est en contact avec des assises houillères appartenant à des niveaux très différents; à Perrecy, c'est le niveau des couches supérieures à la couche n° 1 qui vient buter contre le Grès rouge; à Montceau, région Jules-Chagot, ce sont les assises les plus supérieures du bassin houiller; aux Crépins, c'est le faisceau de la couche n° 2; à Wilson, c'est le faisceau de la couche n° 1; à Quétel, le faisceau de la couche n° 2; à Longpendu, le faisceau de la couche n° 1; à La Gagère de Saint-Bérain, le faisceau de couches les plus inférieures, et à Saint-Léger, celui des couches supérieures.

On peut donc dire que le Permien se comporte à l'égard du Houiller avec autant d'indépendance que le Pliocène de la cuvette Bressanne se comporte à l'égard du Jurassique de la bordure. Le Pliocène est en contact avec une assise quelconque du Jurassique; il n'est pas influencé par les failles des terrains antérieurs; enfin sa limite séparative coupe indifféremment et d'une façon quelconque les failles ou plissements des terrains de la bordure.

On a admis que le Pliocène lacustre s'était déposé dans une cuvette qui avait été préparée ou façonnée par les mouvements orogéniques antérieurs.

La même conclusion doit s'appliquer au Permien du bassin de Blanzy et du Creusot; ce terrain a dû se déposer dans une cuvette qui a été constituée après le dépôt du Houiller, à la suite des mouvements orogéniques qui ont disloqué ce dernier. Le Permien repose ainsi contre le Houiller par juxtaposition et non par faille.

D'ailleurs, un autre argument, qui paraît décisif, tend encore à faire écarter l'hypothèse de failles de contact antérieures au dépôt du Permien. Si ces failles existaient, il faudrait admettre que le Permien a reposé autrefois sur le Houiller. Or cette formation devait avoir au moins 2,000 mètres d'épaisseur et déborder largement les limites du Houiller; il serait bien surprenant qu'il n'en restât aucun témoin, ni sur le Houiller ni sur les autres terrains des bordures.

Nous admettrons donc comme suffisamment établi que le Permien s'est déposé dans une cuvette qui s'est constituée après le dépôt du Houiller.

Comment s'est formée cette profonde cuvette? Résulte-t-elle seulement d'effondrements qui ont entraîné en profondeur la formation houillère et ont pu y laisser une partie de cette dernière?

Faut-il admettre, au contraire, que les affaissements n'ont pas joué un rôle exclusif et que la cuvette a été surtout creusée par des érosions de cours d'eau?

Nous avons, dans un premier mémoire inséré au *Bulletin du Service de la Carte géologique* (t. II, mai 1890), admis la première hypothèse, mais nous pensons que la seconde doit, en somme, être préférée comme étant plus simple et plus vraisemblable.

Un effondrement devrait, s'il constituait la seule cause de formation de la cuvette, avoir atteint des proportions exceptionnelles; les terrains anciens y seraient à des profondeurs très grandes, puisqu'il faudrait loger dans ladite cuvette le Stéphanien, l'Autunien et le Saxonien, soit au moins 4,000 mètres d'épaisseur de terrains.

Avec l'hypothèse d'une cuvette résultant en majeure partie d'érosions, on n'est plus obligé d'admettre des profondeurs aussi considérables, puisqu'il n'y aurait, au fond de cette cuvette, que peu ou peut-être même pas du tout de Stéphanien, et que l'Autunien doit même, en bien des points, avoir disparu en partie, par l'effet des érosions qui ont précédé le dépôt du Saxonien, érosions dont nous avons, dans un précédent chapitre, cherché à établir l'existence.

Sans doute il y a eu des mouvements orogéniques importants avant le dépôt de l'Autunien; ce sont ces mouvements qui ont déterminé dans le Houiller des dislocations plus grandes que celles constatées dans le Permien. C'est à eux enfin que nous attribuons la formation des vallées d'érosion qui ont été comblées plus tard par les alluvions autuniennes.

Mais on conçoit qu'il n'est plus nécessaire, avec cette hypothèse, de supposer des effondrements de plusieurs milliers de mètres. Et l'un des motifs qui nous ont décidé à adopter cette hypothèse tient précisément à ce que c'est celle qui exige le minimum d'efforts orogéniques.

Nous sommes donc conduit à admettre que le bassin de Blanzy et du Creusot a été le siège de deux périodes d'érosion suivies de deux périodes d'alluvionnement. La première période d'érosion, la plus importante vraisemblablement, aurait eu lieu après le dépôt du Stéphanien, et la deuxième après le dépôt de l'Autunien.

Nous avons montré, dans notre *Étude stratigraphique des terrains tertiaires de la Bresse*, quel rôle important avaient joué, dans la formation des terrains lacustres et fluviatiles, les phénomènes successifs de creusement et de comblement des vallées; il n'y a rien d'anormal à admettre que de pareils phénomènes aient eu lieu aux époques houillère et permienne dans le centre de la France.

Coupe schématique du bassin.

Nous sommes ainsi conduit à représenter comme il suit une coupe schématique du bassin de Blanzy et du Creusot :

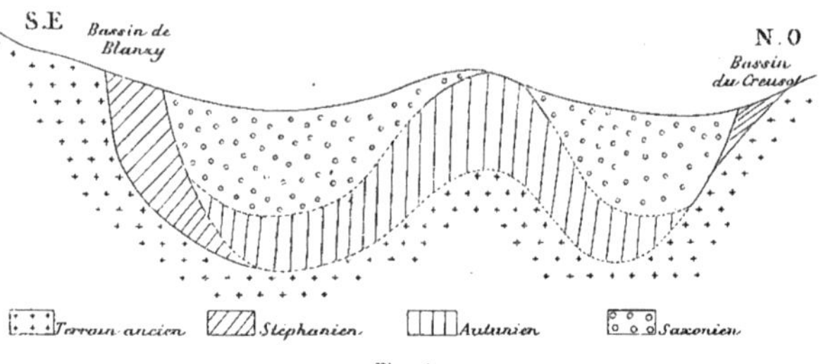

Fig. 25.

Naturellement, dans cette coupe, les parties situées en profondeur sont très hypothétiques; nous ignorons notamment jusqu'où s'étend le Houiller en profondeur au-dessous de l'Autunien.

Disons tout de suite que notre hypothèse, d'une discordance très grande entre le Stéphanien et l'Autunien, soulève une objection d'une apparente gravité.

Dans le bassin d'Autun, le Stéphanien, représenté par les couches du Moloy, est sensiblement en concordance avec l'Autunien. Il y aurait donc dissemblance entre les phénomènes survenus dans les deux bassins.

Mais, d'une part, il convient d'observer qu'il n'est pas absolument certain que le faisceau de Moloy ne puisse être rattaché à l'Autunien. D'autre part, nous avons exposé, dans un chapitre antérieur, que les différences de constitution, de faune et surtout de flore, nous amenaient à penser que la zone inférieure de l'Autunien n'était pas représentée dans le bassin de Blanzy et du Creusot. Il y aurait donc eu une lacune dans la formation de l'Autunien, et cette lacune

peut fort bien correspondre à la période d'érosion que nous avons admise entre
le Stéphanien et l'Autunien du bassin de Blanzy et du Creusot.

Il était intéressant de voir si notre théorie des vallées d'érosion pouvait
s'appliquer à d'autres bassins. Il nous a paru qu'elle s'y adaptait assez bien et
expliquait très convenablement certains faits, par exemple ceux constatés dans
le bassin de l'Allier et dans celui de Ronchamp.

Exemples
empruntés
à d'autres bassins.

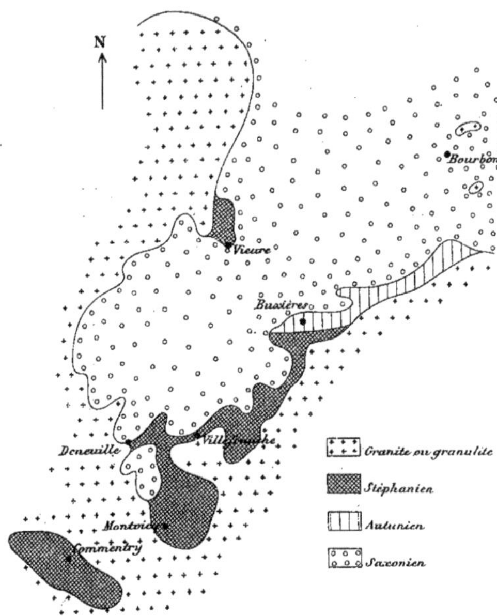

Fig. 26.

Si on prend la carte du bassin de Villefranche, publiée par M. de Launay,
dans le *Bulletin de la Société géologique* (3ᵉ série, t. XVI), qu'on attribue au
Saxonien inférieur les trois subdivisions figurées sous les noms de *grès et arkoses
de Bourbon*, *grès argileux micacés*, *arkoses de Cosne*, on obtient la disposition
représentée par le croquis ci-dessus.

Bassin de l'Allier.

Le Stéphanien occupe la pointe Sud du bassin, à Montvicq, et une partie de la bordure Est; à l'Ouest, il ne serait représenté que par le petit lambeau de Vieure.

L'Autunien est peu développé; il forme seulement une bande aux environs de Buxières, où il alimente diverses exploitations de schistes bitumineux.

Le croquis montre que le Grès rouge repose tantôt sur le Houiller, tantôt sur l'Autunien, tantôt sur le terrain primitif (qui forme même deux petits îlots à Bourbon au milieu du bassin); il paraît difficile, en présence de ces faits, de ne pas admettre une discordance complète entre le Grès rouge et les formations antérieures; le Grès rouge se serait déposé dans une cuvette creusée aux dépens des terrains anciens, du Stéphanien et de l'Autunien.

Dans ces conditions, on s'explique pourquoi les sondages entrepris par la Compagnie de Châtillon-Commentry dans le bassin de Villefranche n'ont, contrairement aux espérances basées sur les anciennes théories, donné aucun résultat, et comme on a pu arriver au granite sans avoir recoupé l'Autunien et le Stéphanien.

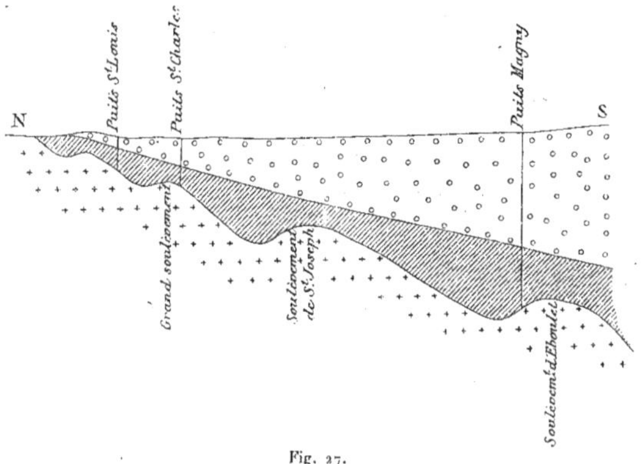

Fig. 27.

Bassin de Ronchamp.

A Ronchamp le Houiller n'est représenté que par une formation très peu épaisse correspondant vraisemblablement au Stéphanien inférieur. Il est recouvert directement par le Grès rouge.

Une coupe transversale, presque Nord-Sud, faite dans la région Ouest des travaux, par les puits Saint-Louis, Saint-Charles et Magny, serait approximativement représentée par le croquis de la page précédente (fig. 27).

Si on fait une coupe plus à l'Est, on observe la disposition suivante :

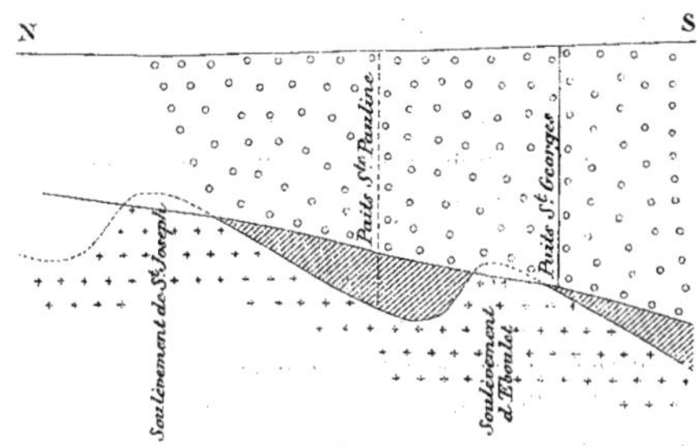

Fig. 28.

Ces coupes s'expliquent bien en admettant que le Houiller déjà plissé a été démantelé et raviné, et que le Grès rouge s'est déposé ensuite dans la cuvette d'érosion ainsi constituée.

Dans la première coupe, l'érosion aurait respecté les sommets des anticlinaux, tandis que, plus à l'Est, ces anticlinaux, qui probablement étaient plus importants, ont eu leurs sommets arasés.

Si cette explication est exacte, il n'y aurait pas à désespérer de trouver derrière un anticlinal paraissant limiter la formation houillère, un synclinal où cette dernière aurait été en partie respectée par les érosions.

§ 2. MODE DE CONSTITUTION DES BASSINS HOUILLERS.

La zone houillère du Sud-Est présente diverses particularités intéressantes qu'ont déjà permis d'entrevoir les détails donnés à propos de chaque concession, et qui peuvent se résumer comme il suit :

La zone voisine des terrains anciens est stérile ; elle est occupée par des conglomérats, qui témoignent de la présence de falaises escarpées, donnant lieu à des éboulements de blocs de grandes dimensions.

Les couches connues n'affleurent souvent pas, elles restent en profondeur, et elles seraient parfois demeurées ignorées si les travaux souterrains ne les avaient fait reconnaître. A Montmaillot, par exemple, aucune des grandes couches n'affleure; la couche supérieure n'arrive qu'à 200 mètres environ de la surface du sol, au puits Saint-Amédée.

Les couches de houille, les bancs de schistes, de grès et de poudingues sont fort irrégulières, leur composition et leur puissance subissent de continuelles variations.

Les assises sont extrêmement disloquées; dans la région de Montchanin, notamment, elles ont été soumises à des compressions intenses qui les ont plissées énergiquement et ont même provoqué le déversement du Houiller sur le Saxonien.

Enfin la ligne de contact avec les terrains anciens est presque rectiligne sur une longueur de 55 kilomètres entre Perrecy et Charrecey.

Il y a là un ensemble de caractères rappelant la disposition des gîtes de la grande traînée houillère qui s'étend plus ou moins en ligne droite à travers le plateau central et qui comprend les mines de Saint-Éloy, de la Bouble et de Champagnac.

Nous serions donc assez disposé à penser que le dépôt houiller de la lisière du Sud-Est formait, comme celui de la grande traînée du Plateau Central, une fosse profonde et relativement étroite, dans laquelle les assises auraient été fortement comprimées.

On conçoit aisément, sans qu'il soit nécessaire d'insister, que, dans une fosse houillère étroite et profonde, les mouvements orogéniques ultérieurs ont été généralement impuissants à amener à la surface des affleurements des couches inférieures. Leur principal effet a été de plisser énergiquement les diverses assises, ainsi qu'on peut l'observer aux mines de La Bouble.

Cette conception nous amène à dire qu'il n'est pas interdit d'espérer l'existence en profondeur de gisements houillers inférieurs à ceux connus, et qui seraient de l'âge de ceux d'Épinac ou de Rive-de-Gier. Nulle part on ne voit affleurer la partie inférieure de la formation; il y a donc là une zone absolument inconnue et qu'il serait intéressant d'explorer. La question intéresse trop l'avenir de l'industrie houillère de Saône-et-Loire pour ne pas motiver, tôt ou tard, de sérieuses explorations, quel que soit l'aléa qui s'attache toujours à de pareilles entreprises.

Lors des recherches effectuées soit par le puits Saint-Vincent, soit par le puits Saint-Claude, on avait considéré la présence des conglomérats comme

une preuve de la proximité des terrains anciens et de la stérilité de cette partie
de la formation.

La couche d'Épinac et celle de Rive-de-Gier, qui occupent la base du
Houiller dans ces deux bassins, sont recouvertes de conglomérats de grande
puissance; la présence de conglomérats grossiers ne met donc pas obstacle à
l'existence de couches de charbon situées au-dessous.

Les gîtes de la lisière Nord-Ouest se présentent dans des conditions différentes. On connaît, au Creusot et à Saint-Eugène, la base de la formation, et
cette dernière appartient déjà à la partie supérieure du Stéphanien. Les dépôts
de ce bassin seraient donc plus récents que ceux du bassin du Sud-Est; ils rem-
plissaient des fosses moins anciennes et probablement moins profondes. Il n'y
a donc pas, sur cette lisière, la possibilité de trouver, en profondeur, de nouveaux gisements houillers.

Nous ajouterons incidemment, et comme indication complémentaire de nature à corroborer les vues exposées ci-dessus, que le petit bassin des Forges,
situé à 7 ou 8 kilomètres à l'Est de celui de Montchanin-Blanzy, forme également une étroite bande sensiblement rectiligne, large d'environ 3 ou 400 mètres,
qui est reconnue sur une longueur de 8 kilomètres [1]. Les terrains y sont très
dressés, et sur la bordure Ouest le Granite surplombe parfois le Houiller. On
a donc là aussi une fosse assez profonde, peu large et fortement comprimée.
Les empreintes de poissons qu'on y a rencontrées semblent établir que cette
formation appartient au Stéphanien supérieur, comme celle de la lisière
Nord-Ouest du bassin de Blanzy et du Creusot. Ce synclinal houiller disparaît
au Nord sous le terrain jurassique de Sassangy, de même que le Houiller de
Saint-Berain disparaît sous le Jurassique des environs d'Aluze. Au Sud, le
Houiller de Forges est interrompu par le soulèvement granitique du mont
Saint-Vincent, mais il ne serait pas impossible qu'il reparût dans le synclinal
que forment les terrains jurassiques aux environs de Charolles, et se pro-
longeât même assez loin vers le Sud, avec un remplissage soit de Houiller,
soit de Permien. Des explorations dans cette direction seraient peut-être justi-
fiées, d'autant que les profondeurs nécessaires seraient assez restreintes.

Zone du N. O.

Digression
sur
le bassin houiller
de Forges.

[1] Voir pour ce bassin, qui est situé en dehors de notre carte d'ensemble, les feuilles géologiques à l'échelle de 1/80000 de Chalon-sur-Saône, Mâcon et Charolles.

RÉSUMÉ.

Si on laisse de côté les questions de détail et celles qui n'ont qu'un intérêt local, on peut résumer comme il suit les considérations développées dans les chapitres précédents.

Le Houiller de Blanzy et du Creusot forme deux bassins différents appartenant à deux synclinaux grossièrement parallèles qu'on peut, pour plus de simplicité, appeler, l'un synclinal ou bassin du Creusot, et l'autre synclinal ou bassin de Blanzy.

Bassin de Blanzy.   Le synclinal de Blanzy devait être, comme celui de Saint-Éloy et de la Bouble, très allongé et de direction presque rectiligne, tandis que sa largeur était réduite. Mais il devait constituer une fosse profonde et aux bords escarpés, dans laquelle se sont accumulés, plus ou moins en désordre, les dépôts du Stéphanien. Ceux voisins de la bordure sont conglomératiques, et ce n'est qu'à une certaine distance que les assises deviennent progressivement régulières et que les couches de charbon prennent de l'épaisseur. Les mouvements orogéniques postérieurs n'ont, vu la profondeur de la fosse et sa largeur réduite, ramené à la surface du sol qu'une partie de la formation, de telle sorte que, comme dans le bassin de la Bouble, les assises inférieures ne peuvent être découvertes que par des travaux souterrains.

La formation houillère connue comprend :

En *haut*, une puissante série de grès peu grossiers, associés à des schistes et renfermant de nombreuses couches de houille généralement assez minces. Elle a été reconnue sur environ 500 mètres de puissance, mais des assises plus supérieures ont pu être enlevées par les érosions.

Au *milieu*, une zone de 200 à 300 mètres, particulièrement riche en combustible, allant de la couche n° 1 de Montceau à la couche n° 4.

A la *partie inférieure*, d'abord une série de grès et de schistes associés à quelques couches de houille généralement peu importantes, puis une formation de grès et conglomérats, traversée seulement sur une partie de son épaisseur, et dont le substratum est inconnu.

Cette zone inférieure a été recoupée sur environ 400 à 500 mètres d'épaisseur.

Les couches les plus puissantes et les moins irrégulières sont dans la partie médiane du bassin (mines de Blanzy); dans la partie Nord, les gîtes s'amincissent, et dans la partie Sud, les charbons deviennent maigres ou anthraciteux.

Le bassin se prolonge, jusqu'à des distances inconnues, au Nord et au Sud sous le terrain jurassique, où des recherches pourront être utilement tentées, notamment vers le Sud, où les recouvrements jurassiques sont moins épais.

Des recherches seraient également rationnelles en profondeur, au-dessous de la formation des grès et conglomérats. Il ne serait pas impossible de rencontrer, dans le fond du bassin, des couches appartenant à l'horizon d'Épinac ou de Rive-de-Gier.

Le bassin de la lisière Nord-Ouest paraît avoir été moins important que le précédent; il ne contient que des gîtes appartenant au Stéphanien supérieur, c'est-à-dire en moyenne plus récents. On y connaît d'ailleurs la base de la formation, et aucun faisceau plus ancien ne saurait y exister.

Ce bassin paraît avoir formé le symétrique de celui de Forges, situé à l'Est de celui de Blanzy, de telle sorte qu'à la fin du Houiller ces divers bassins étaient vraisemblablement disposés comme le figure la coupe transversale ci-dessous.

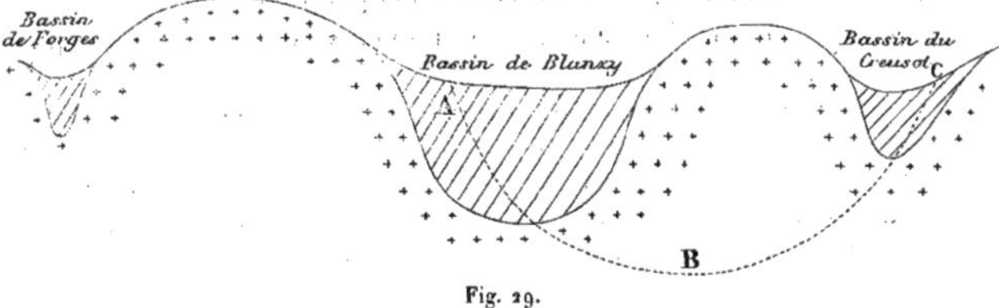

Fig. 29.

Après le dépôt du Houiller, des mouvements orogéniques intenses ont plissé ce dernier, disloqué fortement la dorsale qui séparait le bassin de Blanzy de celui du Creusot, et provoqué des dépressions dans lesquelles les cours d'eau ont commencé leur travail d'érosion. Il s'est formé ainsi, aux dépens de terrains plus ou moins broyés, une cuvette profonde, telle que A B C, dans laquelle s'est déposé l'Autunien supérieur.

De nouveaux mouvements orogéniques ont affecté l'Autunien qui a été, en partie, enlevé par les érosions des cours d'eau, puis a eu lieu une nouvelle période d'alluvionnement pendant laquelle s'est déposé le Grès rouge ou Saxonien.

Enfin les derniers mouvements orogéniques de l'époque Hercynienne ont plissé l'ensemble de la formation et ont même été assez intenses, à Mont-chanin, pour provoquer le déversement du Houiller sur le Grès rouge.

Le Jurassique est venu ensuite se déposer en stratification discordante sur les assises redressées du Houiller et du Permien.

Nous croyons devoir dire, en terminant, que nous avons été conduit, dans le cours du présent ouvrage, à formuler de nombreuses hypothèses, qui ne doivent naturellement être acceptées qu'avec la réserve que comportent toujours des considérations de cette nature.

PRODUCTION DES HOUILLÈRES.

Il paraît intéressant de faire connaître dans un dernier paragraphe quelle a été, en 1902, la production des diverses mines de houille que nous avons passées en revue.

Le 1er semestre de 1902 ayant été marqué par deux longues grèves aux mines de la Compagnie de Blanzy, la production du 2e semestre peut seule être considérée comme représentant l'extraction normale.

Le tableau ci-dessous fait connaître ces productions dans les mines ci-après .

Saint-Berain	11,764 tonnes.
Fauches	572
Longpendu	12,826
Montchanin	20,192
Ragny	"
Crépins	"
Perrins	"
Blanzy	635,906
Badeaux	41,327
Theurée-Maillot	20,664
Perrots	"
Perrecy	22,814
Creusot	31,038
Petits-Châteaux	"
Pully	"
Grandchamp	"
Bert	23,446
Montcombroux	"
Total	850,549

La production serait, pour une année entière, d'après les chiffres précités, de 1,640,000 tonnes.

Pendant les cinq années précédentes, la production totale des mines houillères avait été, pour :

1896	1,783,815 tonnes.
1897	1,826,103
1898	1,960,563
1899	1,697,600
1900	1,633,998

Mai 1902.

TABLE DES MATIÈRES.

9 782019 232856